元宇宙工程

高泽龙 何超 徐亭 邹智广 潘志庚 ◎ 著

中国出版集团
中译出版社

图书在版编目（CIP）数据

元宇宙工程 / 高泽龙等著 . -- 北京：中译出版社，2022.11
　　ISBN 978-7-5001-7185-0

　　Ⅰ . ①元… Ⅱ . ①高… Ⅲ . ①信息经济 Ⅳ . ① F49

中国版本图书馆 CIP 数据核字（2022）第 164973 号

元宇宙工程
YUANYUZHOU GONGCHENG

著　　者：高泽龙　何　超　徐　亭　邹智广　潘志庚
策划编辑：于　宇　华楠楠
责任编辑：于　宇
文字编辑：华楠楠
营销编辑：黄秋思　马　萱　纪菁菁
出版发行：中译出版社
地　　址：北京市西城区新街口外大街 28 号普天德胜大厦主楼 4 层
电　　话：（010）68002494（编辑部）
邮　　编：100088
电子邮箱：book@ctph.com.cn
网　　址：http://www.ctph.com.cn

印　　刷：北京顶佳世纪印刷有限公司
经　　销：新华书店
规　　格：710 mm×1000 mm　1/16
印　　张：20.25
字　　数：235 千字
版　　次：2022 年 11 月第 1 版
印　　次：2022 年 11 月第 1 次印刷

ISBN 978-7-5001-7185-0　　　　定价：68.00 元

版权所有　侵权必究
中　译　出　版　社

序 一

元宇宙是一次场景革命

元宇宙是一个数字空间。其本质上是对现实世界虚拟化、数字化的过程，是下一代互联网技术的汇聚。产业界如何推广和应用元宇宙技术，是一个值得研究的课题。元宇宙通过人工智能、区块链、大数据等技术，使人们的体验更真实、决策更精准，能够更加高效地指导我们的生产过程，引导我们的生活方式。从计算机互联网到移动互联网，再到元宇宙，人与人、人与信息、人与商品、人与服务的关系都发生了深刻的改变，可以说是场景的革命。

因此，研究元宇宙的多种支持技术，如物联网、工业互联网、区块链、人工智能、虚拟现实、数字孪生、虚拟人、动作捕捉、智能家居、智能建筑、信息模型、虚拟现实、仿真系统等技术，可以让元宇宙技术更好地赋能实体经济，为科技人员、中小企业的管理者、创业者、设计师、自媒体人等对传统业务进行改造和提升并开拓新的业务领域，具有重要意义。

本书视野开阔，内容丰富。阐述了元媒体、游戏化思维、元宇宙工程、元宇宙架构师等概念，描述了元宇宙技术的产业应用，包括在工业、能源、农业、金融、房地产、教育等领域的应用，从而为研究、推广、应用元宇宙技术的科技人员提供了参考。同时，本书还适用于对元宇宙技术感兴趣的读者。本书对产业元宇宙多视野、多角度的深入分析，为读者了解、学习、参与产业元宇宙的创新实践提供了非常好的参考。希望能有更多有识之士用工程化的思维、方法和手段参与到元宇宙产业化和产业元宇宙化的深度融合中来，为数字经济与实体经济的深度融合发展做出更多贡献。

中国工程院院士

2022 年 7 月

序 二

元宇宙与产业的关系

在本书即将出版之际,我承蒙本书作者之一——邹智广先生所托,撰写了这篇序。本书以"元宇宙工程"为题,立意不凡,我思考再三,决定将一些对元宇宙与产业之关系的个人观点奉上,权当本书之序。

通常来说,元宇宙就是下一代互联网,真假难辨的沉浸式体验是元宇宙最核心的特征。元宇宙是人类文明的又一次重大变革,是社会发展到一定阶段的必然产物。人工智能、区块链、虚拟现实、高速网络、大数据、云计算、电子游戏等多种技术共同支撑,有望实现高维拟真的虚拟世界,构建起与现实世界平行的宇宙。

互联网与现实世界是关联的,所以,通过互联网可以实现就业、工作、生活、教育、社交等。同样,这些在元宇宙中也可以实现。现实世界的政治、法律、道德、文化会对互联网(元宇宙)产生约束和影响,这一方面保证了虚拟世界的有序和安全,另一方面避免了虚拟世界侵害到现实世界。

元宇宙比互联网更先进。区块链技术构建可信的价值网络为元宇宙提供了底层经济系统。法律认可的确权登记的数字资产会大量流通,现实世界和虚拟世界高度融合并且精准对应。大量互联网场景被

3D化、立体化，人们仿佛置身其中。大量现在无法想象的应用会出现，现实社会运转的逻辑在元宇宙中被复制和应用，人们仿佛进入了梦幻的、科幻的世界。

元宇宙的实现，意味着人和计算机协同发展，共同进化到了前所未有的高度。达尔文提出的"适者生存"进化论可能会被挑战或推翻，人类将会变成一种"很难想象"的"数字新物种"。

各大产业如何"元宇宙化"呢？我觉得应该分为几个步骤。

第一，设备和网络。设备和网络是基础，设备可能是工厂的流水线，也可能是手机或虚拟现实（VR）头盔，网络可能是6G高速网络，也可能包括物联网。

第二，虚拟和现实的关联对应。虚拟数字人、人脸识别、建筑信息模型（BIM）、数字孪生、感应装置等都可以连接虚拟和现实，当然也包括传统的互联网实现的对应关系。

第三，互动与控制。包括3D引擎、实时渲染、动作捕捉、模拟操作、条件触发等，可能是虚拟控制现实，也可能是现实控制虚拟，更有可能是多向的。

第四，数据内容到数据资产。不管是数据仓库、数据集市，还是现在流行的数据湖技术，数据要素必不可少，数据资产化或资产数字化共同加剧了虚实的捆绑和融合。

第五，经济系统。数据资产通过区块链实现，区块链还为元宇宙提供了底层经济系统，构建了信用体系和价值网络，这样才能更好地实现更大范围、更高效的协同——因为区块链可以实现完美的利益分配。

第六，大规模且可持续。确保虚拟世界像现实世界一样持续运转和实时反馈，人工智能在这个环节起到至关重要的作用。在可预测到的未来，生产力的主体发生变化，由机器创造生产力价值，核心劳动力被人工智能所替代。而这一切的前提是人工智能基本上能达到人类的处理能力。

人工智能迭代，价值传输网络的实现，人与人、人与机器、机器与机器的交互方式的变化，都在召唤着元宇宙的诞生。人们用元宇宙描述互联网的未来，将其描述为一个可持续、可共享、可被感知的三维虚拟空间。业界已经有一些机构和企业正在合作，期望为这个领域制定统一的标准和协议，使各种虚拟空间互通、互用。

当虚拟成为科技价值生成的先导，虚拟技术一旦有了质的突破，必然带动经济突飞猛进地发展。元宇宙作为数字平行世界的出现，必然为产业的虚拟环节提供了前所未有的场景，并最终推动新一轮产业革命爆发。元宇宙技术不仅能使产业价值在纵深上得到提升，也使产业价值在分布上得以拓展。

以上是我对元宇宙与产业之关系的个人观点，冒昧以此作为本书之序，希望能为本书起到绿叶扶衬红花的作用。

林左鸣
中国航空学会理事长
北京航空航天大学管理学博士
2022 年 7 月 9 日

序 三

元宇宙是 3D 版的互联网

按照业内流行的说法,元宇宙的发展和落地需要六大支撑技术,分别是区块链技术、交互技术、电子游戏相关技术、人工智能技术、网络及运算技术、物联网技术。这些对于实现生活、娱乐的元宇宙或许已经很全面,但若是考虑到未来工业、经济、基建等,数字孪生、工业互联网等技术也很必要。话说回来,用这些来定义元宇宙的概念尚存争议,不同技术概念之间也有重叠,很难进行精准定义。

所以说,元宇宙可能会像区块链、数字孪生、工业互联网等一样,一边向前发展,一边被重新定义或修改调整,就像现在的"互联网"和二十年前的"互联网"并不相同是一个道理。

元宇宙可以说是"3D 版的互联网""可穿梭于其中的互联网",真假难辨的沉浸式体验是元宇宙最核心的特征。未来,基于网络的学习、购物、教育、旅行等,可能是"身临其境""丰富多彩""赏心悦目""实时互动"的。人们畅想,在未来的网络世界中,会拥有自己的虚拟形象,能够在虚拟世界中拥有和现实世界一样的"人生"。"'元宇宙'支撑的并不只是未来的生活、社交、工作、娱乐,将来的各行各业都可能因为'元宇宙'而变得令人向往!"

未来的互联网公司(IT 相关的公司)重要的工作内容可能就是

基于自己的技术构建虚拟世界，创造"身临其境""栩栩如生""更加逼真"的体验，为人类提供各类创造所需的虚拟元素。现今很多公司（个人）都在开展与互联网有关的业务，或者利用互联网技术更好地完成传统业务。同样的道理，未来将有更多公司（个人）可能都离不开元宇宙。

生活场景、工作场景有可能与游戏场景很相似。人们通过各类工具、元素，比如虚拟的电饭煲、冰箱、水、食材、调味剂等就能在虚拟世界中做饭，甚至能做出"有味道"的虚拟菜肴，比如虚拟的麻婆豆腐或西湖醋鱼。人类的大脑可以感知到这些虚拟菜肴的色、香、味。同时通过多人互动技术，把朋友也邀请到自己创造的虚拟厨房里，共同享用美味。大家在线上一边吃饭，一边聊天，大脑的感知和在现实中面对面的感觉可能是一样的。

未来的人类将不再单单是现实的人类，其精神、思维、行为习惯、生活工作等也将以数字的形式活跃在另一个世界。回顾历史，数字经济创造了大量的就业岗位，腾讯、阿里巴巴、京东、美团等企业对中国经济发展起到了积极的作用。作为互联网的下一站，元宇宙也将为人类创造大量的就业机会和收入来源，元宇宙会成为现代数字经济的重要组成部分，也是技术发展的方向和基础设施建设的发力点。

本书是由相关领域的专家在元宇宙技术发展的重要时期撰写的好书，包括元宇宙的基础知识、运行原理及其技术应用的实际案例等内容，论述了在元宇宙发展过程中可能遇到的问题、机遇与挑战。希望读者可以从阅读中获益。

李颉

日本工程院外籍院士

2022 年 6 月 11 日于上海

序 四

元宇宙赋能数字中国与智慧社会

元宇宙本身不是一种技术,而是一种理念或概念。它将人、机器、信息源相互嵌入并联结起来,形成一种新型的社会交往的虚拟空间,深刻地改变我们的工作生活,并赋能数字中国和智慧社会。元宇宙集成了互联网应用和社会形态,拥有经济体系和社交系统,使人类的视觉、听觉、触觉等感觉系统的体验优化,强调虚实融合。通俗地讲,是人类生活在虚实融合世界中的增强体验。

元宇宙本身的发展、演变会带动一系列产业生态的变革。这套产业生态主要分为数字基础设施层、终端设备层和交互场景层。而不同产业的变革速度,关键还是要看其与元宇宙本质属性的契合程度,确切来说,是时空性(时间和空间)、人机性(虚拟数字人、机器人、人)以及基于区块链所产生的经济增值性。目前来看,首先产生"颠覆性"冲击的会是在新媒体产业,其次是在游戏、展览、旅游、教育、规划设计、医疗等产业,最后是工业(包括制造业)。

工业软件是工业互联网的基石,其本质是将经验知识以数字化模型或专业化软件工具的形式积累沉淀下来。工业互联网是实现智能制造的关键,工业元宇宙是智能高效地打通企业的研发、制造、分销、终端客户反馈四大环节而形成高质、高效的闭环迭代的关键。工业元宇宙与工业互联网最大的区别有三条：全生命周期虚实共生、企业和消费者智能高效闭环下的全息智能制造、智能经济体系。

元宇宙场景从概念到真正落地需要实现两个技术突破。

第一个是扩展现实（XR）、数字孪生、区块链、人工智能等单项技术的突破。从不同维度实现立体视觉、深度沉浸、虚拟分身等元宇宙应用的基础功能。元宇宙所依赖的各项技术间呈现木桶效应，即元宇宙能够实现到什么样的程度取决于那块"短板"技术发展到了什么阶段。目前来说，各项技术只是满足初期元宇宙的发展需要：5G已实现大范围覆盖，并且其延时性较低，可初步容纳目前元宇宙的用户规模；用户生成内容（UGC）、3D引擎以及算力等支撑技术及内容可满足元宇宙的初级要求，并可随着元宇宙的发展而不断演进；VR、AR（增强现实）等虚拟现实技术初步达到元宇宙的基础要求，但作为进入元宇宙的主要入口仍需要大量的技术突破；区块链技术目前稳步发展，但应用场景还不完善，不断拓宽下游应用场景也是当前需要突破的方面。

第二个突破实际上是多项数字技术的综合应用突破，我们称之为"深度合成技术"。比如，利用以深度学习、虚拟现实为代表的生成合成类算法制作文本、图像、音频、视频、虚拟场景等信息的技术。通过多技术的叠加兼容、交互融合，凝聚形成技术合力，才能有助于推动元宇宙在全社会的普及发展。

当前，我国元宇宙的发展整体还处在技术筹备、逐步落地的探索阶段。在此过程中，我国发展元宇宙也具有自身独特的优势。

首先是我国具有基础设施优势，我国数字经济的发展正爆发出巨大的动能。从多份政府规划文件来看，千兆宽带用户数、工业互联网标识注册量、人均5G基站数、数据中心算力将分别实现年均56%、40%、39%和27%的增速。通过政府资金扶持，社会资本将向新基建等领域研发聚焦，而基础设施完备程度将直接决定元宇宙的发展深度。

其次是我国具有庞大的人口优势。相比国外的企业，我国相关企业的潜在服务对象更多，可以说是潜力无限。当前，我国网民规模已经超过十亿人，巨大的人口基数将是丰富和完善元宇宙应用场景的重要力量。

再次是我国具有领先的数字化场景应用优势。我国拥有世界上为数不多的基于国家主权的数字货币和电子支付工具（DCEP），有新文明下的最大数据体量的数字源代码，有14亿人口的行为数据，还有基于国家信用的超国界的数字帝国。

最后，我国已经开始在游戏、社交、影视、文旅、城市治理等领域开始探索元宇宙市场，并将会在这些方面具备一定优势。如VR游戏社交、VR电影社交（如豆瓣）、VR旅行社交（如马蜂窝）、VR找房（如贝壳网）等。

此外，我国在未来元宇宙市场中需要攻坚突破的领域包括两个方面。

第一，聚焦元宇宙技术层面的突破，打通入口，连接全局，加大资金、人才激励和支持力度，重点攻坚芯片、区块链、地理空间、图像引擎、3D环境生成等元宇宙基础底层技术和关键核心技术。

第二，聚焦商业模式与内容场景的突破，打造具有中国特色的元宇宙场景体系，探索元宇宙相关应用场景落地，加快对元宇宙的研究开发等。

未来的世界是一个双螺旋的世界，就像DNA一样。我们看到的数字世界和物理世界就像是双螺旋的生命体，它是一个以不断演化迭代为主要特征的智能化世界。

现在的元宇宙还处在萌芽阶段，应加快科学布局，促进元宇宙产业健康发展。多部门联合开展"元宇宙+"应用创新试点示范，聚焦工业、商业、教育、医疗和新媒体等领域，打造一批行业应用标杆。

  元宇宙将为我们的生活带来多种可能性，但在目前，元宇宙还处在概念体系阶段，没有什么人亲身体验过。这本书就是对未来进行的有益探索，讲解和探讨了元宇宙的应用落地，有基础、有理论、有方法、有手段、有案例、有图表、有复盘，对如何实现产业的"元宇宙化"提供了创新思维，值得大家关注。

邢春晓

清华大学信息技术研究院副院长、教授

2022年7月29日于北京

前 言

移动互联网普及以来，人们开始用手机进行社交通信、看视频、秀自己、导航出行、购物消费、获取资讯等，原来的PC（计算机）互联网逐渐转型升级为移动互联网。接下来，我们可能要进入元宇宙时代，因为元宇宙的普及速度和发展速度都很快。

目前，市面上已经有较多有关元宇宙的书籍，大部分都是科普"元宇宙"概念的。元宇宙相关图书的出版，对于让大众了解元宇宙乃至我国数字经济的发展具有重要的引领作用。如何让元宇宙从"科普阶段"过渡到"落地阶段"是当前所面临的重大课题。各行各业"如何实现元宇宙化""应该怎么开始布局元宇宙""如何设计和搭建符合业务需求的元宇宙""发展元宇宙的过程中应该注意些什么""如何处理现有业务和未来业务的关系"等这些都是迫切需要解答的问题。

构建元宇宙是一项浩大的工程，涉及各个产业、技术、产品以及资本，涉及场景、数字人、Web3.0，涉及工业、文旅、教育……本书试图从工程视角阐述元宇宙，较为前瞻性地提出了"元宇宙工程"这一概念。所谓"元宇宙工程"，是利用计算机科学、数学、逻辑学以及管理学等原理，将系统化的、规范的、可量化的方法应用于元宇宙的开发、运行和维护之中，即将工程化的方法应用于元宇宙项目。

元宇宙工程贯穿元宇宙项目的全生命周期，通常包含软件开发与系统集成、构建模型与算法、制定规范、设计范型、评估成本、确定权衡，以及计划、资源、质量、成本等的管理。

同时，本书也对元宇宙的多种支持技术都进行了系统讲解，比如物联网、工业互联网、区块链、人工智能、虚拟现实、数字孪生、虚拟人、动作捕捉、智能家居、建筑信息模型、虚拟现实、仿真系统等。另外，本书还对Web3.0、NFT、DAO与元宇宙的关系，对元宇宙思维、游戏化思维、元媒体等一些前沿概念或思维进行了阐述。

本书实用、全面、前沿、有深度，对关注元宇宙乃至数字经济的企业、机构、读者的工作、创业和创新给予实操性的指导，试图用工程化的思维、方法和手段构建元宇宙。希望本书对想了解元宇宙、构建元宇宙的读者有一定的帮助。

目　录

第一章　元宇宙的本质与内涵
第一节　从科幻小说到前沿科技　003
第二节　元宇宙的定义、标准和相关概念　011
第三节　元宇宙的六层基本架构　018
第四节　全真互联网：连接一切、打通虚实　022
第五节　元宇宙可能就是下一代互联网　025

第二章　元宇宙的底层经济系统
第一节　区块链的核心思想与技术手段　033
第二节　价值传输网络与信任的机器　038
第三节　数据资产化为元宇宙提供了经济基础　045
第四节　智能合约与共识机制　047

第三章　物联网与传感网络
第一节　物联网的结构与工作原理　053
第二节　物联网体系结构的特点与设计原则　055
第三节　物联网感知层的实现技术　060
第四节　物联网的网络层及应用层详解　064

第五节　物联网资产管理系统：基于 RFID 电子标签　070

第六节　物联网技术助力集装箱追溯与管理　078

第七节　农业物联网应用与解决方案　086

第四章　数字孪生与数字化镜像

第一节　数字孪生的定义与内涵　097

第二节　数字孪生技术的现状及关键技术　104

第三节　数字孪生的技术体系——四层架构　111

第四节　谁在用数字孪生以及如何使用数字孪生　116

第五节　数字孪生在新型基础测绘领域的应用　119

第五章　全方位解析工业互联网

第一节　工业互联网概述：数字化、网络化、智能化　131

第二节　工业互联网典型应用场景　137

第三节　智能制造、云制造与协同化制造　143

第四节　信息物理系统与智能制造的关系　149

第五节　面向企业应用的智能云工厂解决方案　153

第六章　元宇宙在产业中的应用

第一节　罗布乐思：元宇宙概念的开创者和领军企业　159

第二节　VR-Platform：虚拟现实仿真平台　170

第三节　Autodesk：三维设计、工程和施工软件　173

第四节　智慧城市系统和服务的打通、集成与优化　181

第五节　智能家居、智能物业与智慧社区　188

第六节　虚拟人：元宇宙的构成要素和交互载体　194

第七节　动作捕捉：元宇宙中的新型互动方式　207

第八节　可穿戴设备：智能终端产业的下一个热点　214

第九节　BIM 技术：构建平行世界　220

第十节　联通在线沃音乐：元宇宙平台助力多行业数字化发展　226

第七章　元宇宙工程的建设与实施
　　第一节　元宇宙的设计师与架构师　236
　　第二节　构成元宇宙体系的七大模块　238
　　第三节　创建元宇宙的科学方法论　246
　　第四节　元宇宙架构师所需的素质和修养　263
　　第五节　利用游戏化思维设计互动和体验　265

第八章　问题、机遇与挑战
　　第一节　元宇宙中存在的法律与政策风险　275
　　第二节　构建安全、文明、绿色、健康的元宇宙网络　282
　　第三节　如何抓住元宇宙蕴含的创业机会　285

附　录　295

第一章

元宇宙的本质与内涵

第一节　从科幻小说到前沿科技

互联网（Internet）源于1969年的阿帕网，早期也被叫作因特网。历经五十多年，互联网实现了全面的繁荣和发展，在人们的学习、生活、工作中扮演着越来越重要的角色。近年来，一些资深专家和领军科技企业都逐步意识到了一个问题——移动互联网的发展或许已到瓶颈期。

如果说移动互联网是互联网的升级版，那么移动互联网的升级版又会是什么呢？元宇宙（Metaverse）有可能就是未来的互联网升级版，这已经成为业内的共识。在移动互联网用户红利已经见顶的今天，"元宇宙"概念的出现让人们看到了一丝"下一代互联网"的曙光，其可能是新时代的流量环境，也可能是未来的交互形式。

当前互联网的内容，都是以文字、图片、视频等方式呈现的。电子商务、社交聊天、视频直播、新闻资讯等形态虽然满足了人们对网络的需求，但人与人、人与物之间的距离依然比较遥远，无法达到现实生活中面对面交流所能达到的效果。随着社会的发展，人们可能需要更多、更高级的体验和互动，这就是元宇宙被给予厚望的原因。

真假难辨的沉浸式体验是元宇宙最核心的特征，未来基于网络的学习、购物、教育、旅行等，可能是"身临其境""丰富多彩""赏心悦目""实时互动"的。人们畅想，在未来的网络世界中，每个人会拥有自己的虚拟形象，并在虚拟世界中能够拥有和现实世界一样的"人生"。

1992 年，美国著名科幻大师尼尔·斯蒂芬森（Neal Stephenson）在其小说《雪崩》(*Snow Crash*) 中首次明确提出"元宇宙"的概念："戴上耳机和目镜，找到连接终端，就能够以虚拟分身（Avatar）的方式进入由计算机模拟、与真实世界平行的虚拟空间。"

2021 年是"NFT 元年"，也是"元宇宙元年"，可以说，NFT 是元宇宙概念形成与火爆的重要推动力量之一。这其中的逻辑和原理，在本书中会着重进行阐述。

一、元宇宙是一系列技术的融合创新

元宇宙是经过近百年的科技发展逐渐产生的集大成者，是一系列技术的创新融合，是美第奇效应的伟大产物。元宇宙是一系列技术的融合创新，从时间维度来看，主要有两个阶段。

（一）从模拟飞行到灵境技术

1929 年，埃德温·林克（Edwin Link）发明了飞行模拟器，乘坐者坐在上面感觉和坐在真实的飞机上一样。随着计算机技术尤其是计算机图形技术的发展，这种模拟器演变为大屏幕显示器和全景式情景产生器。

1956 年，在全息电影的启发下，莫顿·海利希（Morton Heilig）开发了多通道仿真体验系统——Sensorama。这个多通道仿真体验系统可以实现沉浸感，但缺乏交互性。

1965 年，计算机图形学之父伊凡·苏泽兰（Ivan Sutherland）发表论文《终极的显示》(*The Ultimate Display*)，提出了感觉真实、交互真实的人机协作新理论。这是一种把计算机屏幕作为观察虚拟世界窗口的设想，被看作 VR 技术研究的开端。

1968年，伊凡·苏泽兰开发出了第一套AR系统，这套系统使用一个光学透视头戴式显示器（视觉显示装置），同时配有两个6度头部位置和姿态追踪仪（位置检测装置），一个是机械式的，另一个是超声波式的，头戴式显示器由其中之一进行追踪，这奠定了三维立体显示技术的基础。

1981年，计算机教授弗诺·文奇（Vernor Vinge）在科幻小说《真名实姓》（True Names）中塑造了一个细节惊人的新世界：人类可以通过脑机接口登录新世界，按自己的喜好幻化成不同的形象，还能获得真实的感官体验。

1987年，VPL公司的杰伦·拉尼尔（Jaron Lanier）以实现虚拟空间中新的通信技术为目的，对VR的各构成技术进行了开发性研究，并于1989年提出了虚拟现实概念。

1990年，在美国达拉斯召开的计算机图形图像特别兴趣小组（SIGGRAPH）国际会议对VR技术进行了讨论，并首次用以下三个构成技术对VR进行了定义：三维计算机图形学技术、采用多功能传感器的交互式接口技术以及高清晰度显示技术。

（二）从科幻走进现实

在科幻小说《雪崩》中，斯蒂芬森描绘了一个超现实主义的虚拟空间，被地理空间所限制的人们可以通过虚拟分身交往，度过闲暇时光。

1994年，艺术家朱利·马丁（Julie Martin）设计了一场叫"赛博空间之舞"（Dancing in Cyberspace）的表演。舞者作为现实存在，会与投影到舞台上的虚拟内容进行交互，在虚拟的环境和物体之间起舞。这是对AR概念非常具体的诠释，也是世界上第一个增强现实的戏剧作品。

2009年，在美国著名导演詹姆斯·卡梅隆（James Cameron）的经典电影作品《阿凡达》（*Avatar*）中，再次出现了虚拟分身"Avatar"一词。

2010年，18岁的帕尔默·洛基（Palmer Luckey）发明了Oculus Rift（一款头戴式显示器）的第一个原型机，并在众筹平台开始集资。2014年脸书（Facebook，已于2021年10月更名为Meta）以20亿美元收购Oculus，从此VR开始普及和商业化，VR技术从学术研究转变为商业应用。

2016年，罗布乐思（Roblox）登录Oculus Rift平台，用户可以在平台上设计自己的VR世界并进行各种体验。

2018年，美国导演史蒂文·斯皮尔伯格（Steven Spielberg）执导的电影《头号玩家》（*Ready Player One*）描绘了元宇宙的样子。它有完整运行的经济体系，跨越了实体和数字世界，数据、数字物品、内容以及IP在此通行。大家既可以在这个世界中享用已有的设施，也可以自己参与创作，从而丰富整个元宇宙。

时钟拨回到2020年，因受新冠肺炎疫情影响，很多学校的毕业典礼和毕业季庆祝活动都被取消。但有一所学校很有意思，在美国加州大学伯克利分校，他们的学生在沙盘游戏《我的世界》（*Minecraft*）中模拟了毕业典礼的场景，把校园的建筑和场景都搬到线上，以虚拟的方式开展了毕业典礼。这听起来是不是很有意思？

还有一件更有意思的事也发生在2020年。美国著名歌手特拉维斯·斯科特（Travis Scott）在游戏《堡垒之夜》（*Fortnite*）中举办了一场名为"ASTRONOMICAL"的虚拟演唱会。在演唱会上，这位歌手以一个巨大的虚拟形象穿梭在游戏的各个场景中，和玩家们频繁互动。共有1 230万人参加了这场演唱会，刷新了《堡垒之夜》这个游戏同时在线人数的历史记录。

无论是虚拟的毕业典礼，还是虚拟的演唱会，以前只存在于科幻小说和科幻电影中，如今却已经成为现实。在未来，像这样以数字身份参与数字世界的行为，很可能就是我们的日常生活。

元宇宙代表着最新一次的生产力革命，或者可以称为"元宇宙革命"。在算力时代，生产力的质变是主体发生变化，机器能创造生产力价值，核心劳动力为人工智能（AI）所替代。这一切的前提是，真实世界的人工智能（Real World AI）能发展到这个智能化级别，而各维度拟真的虚拟世界、现实世界的平行宇宙，或将成为人工智能训练效率和成本的拐点。在算力时代，主体的改变需要一个打通人与人、人与机器、机器与机器的交互/沟通的底层环境，这个环境必然是能够打通虚拟与现实的。所以，不论是人工智能迭代，还是底层的数据/信息交互的生态，都在召唤着元宇宙的诞生。

近期，元宇宙概念受到科技界和投资界的广泛关注，并在网络上迅速走红。元宇宙的诞生从科技发展的角度来看是具有偶然性的，如此多的科技领域的基础设施在这个时间节点刚好出现，让元宇宙成为美第奇效应的伟大产物。

元宇宙的实现，意味着人和计算机协同发展、共同进化达到了前所未有的高度，达尔文提出的"适者生存进化论"可能会被挑战或推翻，人类将会变成一种"很难想象的数字化物种"。

二、元宇宙是社会发展的必然产物

元宇宙是人类文明的又一次重大变革，是社会发展到一定阶段的必然产物。

从数字世界发展的维度看，元宇宙并非一蹴而就。过去智能终端的普及，电商、短视频、游戏等应用的兴起，5G半导体基础设施的完善，区块链技术的诞生，以及共享经济的萌芽等都是其前奏。而当下全球新冠肺炎疫情的持续以及"Z世代"YOLO文化的兴起，进一步加速了元宇宙的到来。在数字化浪潮的推动下，企业工作方式和个人职业选择正在加速变化，线上办公习惯已经养成，互联网为人们提供了更多的自由职业机会，社会企业组织形式的变化、"Z世代"对虚拟世界的沉浸都使得元宇宙成为大势所趋。

以去中心化为特征的区块链、数字货币等技术的兴起，全球化进程停滞甚至倒退，督促着人类寻找新的联系和沟通机制，寻找新的资源分配方式，并重新组织、重建一套游戏规则。

（一）YOLO文化兴起

YOLO文化的兴起，使"Z世代"更在意生活体验。YOLO（You only live once）的直译是"你只活一次"，是一种注重体验、注重掌控自己生活的世界观。随着新冠肺炎疫情的开始与持续，YOLO文化逐渐兴起，年轻人开始重新审视自己的存在。而元宇宙给人类提供的数字生活体验，是另一种人生维度，一种可重启、可重置、可脱离物理世界的生活。在元宇宙中，体验感、成就感和幸福感都是低成本的，且不存在资源的垄断。

在YOLO文化的刺激下，"Z世代"的生活与职业发展也有所变化。疫情的冲击、网络平台的崛起，为"Z世代"的生活与职业发展提供了更多可能。国内随着电商、直播的兴起，"Z世代"自由职业的机会凸显，越来越多的人以全职或兼职的方式拍视频作为职业，拿起手机人人可就业。字节跳动2020年社会责任报告显示，2020年抖音直接、间接带动的就业机会高达3 617万个，并宣布2021年支持中小创作者变现超过800亿元。虽然当前距离实现"头号玩家"的愿景尚远，但社会发展变化的趋势却在逐步清晰。

（二）三次浪潮

著名的未来学家、社会思想家阿尔文·托夫勒（Alvin Toffler）在他的著作《第三次浪潮》中，介绍了人类社会发展经历的三次浪潮：第一次"农业文明"，历时数千年，主要解决衣食生存问题；第二次"工业革命"，历时 300 年左右，主要推动了物质文明的发展；第三次"信息时代"，历时近百年，主要以数字化增长驱动社会发展。

如今，我们可能正在经历信息时代后期的数字变革时期，而这一轮变革主要以推动人类的精神文明发展为重点。

农耕文明的重要表现为男耕女织、分工简单、自给自足。

工业革命时期，在机械的加持下，生产力得到了极大提升，产业发展、经济进步，人类基本不必担心衣食生存问题，只要努力工作、学好技术，就可以获得一份体面的工作，拥有一个体面的人生。在这个背景下，社会形成了"劳有所得、多劳多得"的工作伦理。

随着信息时代的到来，自动化技术逐步成熟，越来越多的人面临被淘汰的危机，旧的工作伦理日益崩塌，新的消费主义伦理尚未形成。

每一次的重大变革都存在一段阵痛期。以 19 世纪英国发生的卢德运动为例，工业革命使得机器取代了人力，失业的工人怪罪机器抢走了自己的工作，常常做出焚毁机器、反对工业化的举动。

这个故事听起来很可笑，砸掉机器当然不能解决问题，但是其背后的社会学逻辑却是清晰的。科技在不断地发展，人类社会的生存和工作伦理也会不断地发生变化。科技可以解决生产力的问题，却无法解答人类社会学的问题、伦理的问题，反而有可能给人类提出更大的挑战。

信息时代发展至今，我们可能又要面对新的课题：是通往"星辰大海"，还是通往虚拟现实？

真实世界的"内卷"可能是元宇宙概念涌现的客观原因。人类文明从诞生起，就一直在向往着突破旧世界樊笼，奔向新世界。元宇宙的起源，也像是人类对新世界的美好期许。在元宇宙中每个人都有属于自己的数字身份，有数字化的社交关系，而且可以对元宇宙赋予新的规则。

虚拟与现实的补偿论也是一方面原因。人在现实世界所缺失的，将努力寻求在虚拟世界得到补偿。现实世界是唯一的，它只能"是其所是"，但这种意义只有在比较中才能浮现，所以从这个角度来看，只活一次就好像没有活过。而虚拟世界可以"是其所不是"，以这种方式挖掘出存在的多种可能性。因此，虚拟一直是人类文明的底层冲动。

基于上述"虚拟现实补偿论"，假定一个文明为了得到补偿而创造虚拟世界的冲动是永恒的，那么在长时间的发展中就必然会创造出一个个虚拟世界，而其自身所处的世界也极有可能是上层设计者打造的。这就是尼克·博斯特罗姆（Nick Bostrom）、埃隆·马斯克（Elon Musk）等人相信的"世界模拟论"。

元宇宙未必是人类的终极归宿，但大概率会是一个阶段性的必然产物。正如通往"星辰大海"的代表人物——埃隆·马斯克，除了创办新能源汽车公司特斯拉（Tesla）、太空探索技术公司Space X，他还创办了致力于生物、物理交互研究的Neuralink公司，其"脑机接口"的产品构想就带有元宇宙的感觉。我们不得不承认，只有少部分人可以触及"星辰大海"，大部分人可能更接近元宇宙。

第二节　元宇宙的定义、标准和相关概念

一、如何定义元宇宙

（一）元宇宙的基本定义

"元宇宙"是英文"Metaverse"的中文翻译。在维基百科中，元宇宙是一个集成的虚拟共享空间，它是虚拟增强的物理实景和物理上持久的虚拟场景融合的产物。它包括虚拟世界、增强版实景和互联网。

"Metaverse"由前缀"Meta"和词根"verse"组成，直译为"元宇宙"。元宇宙是通过技术在现实世界的基础上搭建一个平行且持久存在的虚拟世界，现实中的人以数字化身的形式进入虚拟时空中生活，并且在其中拥有完整运行的社会和经济系统。

一般来说，元宇宙指的是未来的沉浸式网络，是比现在的互联网更加"身临其境"的 IT 基础设施，包括 VR/AR、动作捕捉、3D 引擎、实时渲染、超高速网络、可穿戴式设备、边缘计算、区块链等各项科学技术，它们共同进步、相互支撑，以实现未来愿景。

（二）元宇宙的本质与内涵

与元宇宙相关的文献有很多，百度百科"元宇宙"词条中，从

时空性、真实性、独立性、连接性四个方面来向人们描述元宇宙。

从时空性来看，元宇宙是一个空间维度上虚拟而时间维度上真实的数字世界。

从真实性来看，元宇宙中既有现实世界的数字化复制物，也有虚拟世界的创造物。

从独立性来看，元宇宙是一个与外部世界既紧密相连，又高度独立的平行空间。

从连接性来看，元宇宙是一个把网络、硬件终端和用户囊括进来的永续的、广覆盖的虚拟现实系统。

从功能上看，元宇宙是一个承载虚拟活动的虚拟空间，用户能进行社交、娱乐、创作、展示、教育、交易等社会性、精神性的活动。元宇宙的核心在于对虚拟资产和虚拟身份的承载。这种对现实世界底层逻辑的复制，使元宇宙可以快速成为一个坚实的平台，任何用户都能参与创造，且劳动成果受到保障。元宇宙为用户提供了丰富的消费内容、公平的创作平台、可靠的经济系统、沉浸式的交互体验。元宇宙能够寄托人的情感，让用户在心理上有归属感。用户可以在元宇宙中体验不同的内容，结交数字世界的好友，创造自己的作品，进行交易、教育、会议等社会活动。

透过表象，元宇宙的核心功能在于可信地承载人的资产权益和社交身份。这种对现实世界底层逻辑的复制，让元宇宙成为坚实的平台，任何用户都能参与创造，且劳动成果受到保障。基于此，人们在元宇宙的劳动创作、生产、交易与在实际生活中的劳动创作、生产、交易没有区别。比如，用户在元宇宙中建造的虚拟房子，不受平台限制就能轻松交易，可以换成元宇宙或者真实宇宙的其他物品，其价格是由市场决定的。

元宇宙是未来人类的生活方式。元宇宙连接虚拟和现实，丰富人的感知，提升体验，延展人的创造力。虚拟世界从对现实世界的模拟、复刻，变成对现实世界的延伸和拓展，进而反作用于现实世界。元宇宙最终会模糊虚拟世界和现实世界的界限，成为人类未来的生活方式。

（三）名人大咖论元宇宙

一千个人心中有一千个元宇宙。科技界和学术界的诸多知名人士对元宇宙均有独到的见解。

Meta首席执行官马克·扎克伯格（Mark Zuckerberg）说："元宇宙是个跨越许多公司甚至整个科技行业的愿景，你可以把它看作移动互联网的继任者。当然，这不是任何一家公司就能做到的事情，但我认为，我们公司下个篇章的很大部分将是与许多其他公司、创作者和开发者合作，为实现这一目标做出贡献。但你可以将元宇宙想象成一个具体化的互联网，在那里，你不只是观看内容，因为你就身在其中。"

英伟达（Nvidia）创始人黄仁勋认为："现实世界和元宇宙是相连接的。元宇宙是数个共享的虚拟3D世界，具备更强的交互性、沉浸感和协作性。"

特斯拉首席执行官埃隆·马斯克认为："我们生活在类似黑客帝国的虚拟世界里，当虚拟世界足够真实，我们将无法分辨虚实；而只有十亿分之一的概率，我们生活在真实的现实世界中。如果文明停止进步，或者有什么灾难性的事件要抹除文明，那唯一的解决办法就是我们创造一个足够真实的虚拟世界。"

腾讯首席执行官马化腾说："虚拟世界和真实世界的大门已经打开，无论是从虚到实，还是由实入虚，都在致力于帮助用户实现更真实的体验。"

罗布乐思创始人大卫·巴斯祖奇（David Baszucki）认为："元

宇宙有八大特征,分别是身份、朋友、沉浸感、随地、低延迟、多样性、经济和文明。"

英佩游戏(Epic Game)创始人蒂姆·斯维尼(Tim Sweeney)说:"这将是一种前所未有的大规模参与式媒介,带有公平的经济系统,所有创作者都可以参与、赚钱并获得奖励。"

二、元宇宙的八大关键特征

2021年3月10日,罗布乐思以DPO方式登陆纽交所,在其招股书中,罗布乐思列出了平台通向元宇宙的八大要素:

- 身份(Identity):自由创造,虚拟形象,第二人生。
- 朋友(Friends):下一代社交媒体,虚拟世界交友。
- 沉浸感(Immersive):VR沉浸体验,互联网具象化。
- 随地(Anywhere):低门槛,高渗透率,多端入口。
- 多样性(Variety):虚拟世界拥有超越现实的自由与多样性。
- 低延迟(Low Friction):5G,云游戏/世界,性能、功能、成本改善。
- 经济(Economy):用户原创内容(UGC)创造价值,与现实经济打通。
- 文明(Civility):虚拟世界的社会、法度、文明,这也是元宇宙的终局。

罗布乐思列出的这八大要素,描绘了一个足够逼真的虚拟世界,一个与真实世界平行的宇宙。人们可以随时随地、低延迟地与元宇宙进行链接,以虚拟身份进行具有沉浸感的社交。同时,元宇宙拥有大量多元化的内容和出色的经济系统,确保人们可以长期在其中生活，一起改善甚至创造数字文明。

风险投资家马修·鲍尔（Matthew Ball）认为，元宇宙应该具有通用的六大关键特征：持续性、实时性、兼容性、经济属性、可连接性、可创造性。

- 持续性：这个世界可以永久存在，不会停止。
- 实时性：能够与现实世界保持实时和同步，拥有现实世界的一切形态。
- 兼容性：它可以容纳任何规模的人群以及事物，任何人都可以进入。
- 经济属性：存在可以完整运行的经济系统，可以支持交易、支付、由劳动创造收入等。
- 可连接性：数字资产、社交关系、物品等都可以贯穿于各个虚拟世界之间，并可以在虚拟世界和真实世界间转换。
- 可创造性：虚拟世界里的内容可以由任何个人用户或者团体用户创造。

符合这六大特征才能被称为元宇宙，尤其是经济属性、可连接性、可创造性，然而目前实现的可操作性较低。在元宇宙里将有一个始终在线的实时世界，有无限量的人可以同时参与。它将有完整运行的经济，跨越真实世界和数字世界。

三、元宇宙的标准和协议

人们用元宇宙描述互联网的未来，将其描述为一个可持续、可共享、可被感知的三维虚拟空间。目前与元宇宙相关的通用标准、协议、接口等还在发展中，尚无定论。现今，已经有一些机构和企业正在合作，期望为这个领域制定统一的标准和协议，让各种虚拟空间互通、共享和互用。

四、与元宇宙相关的概念

除了标准和协议，还有一些和元宇宙相关的重要概念。

美第奇效应：立足于不同领域、不同学科、不同文化的交汇点，将现有的各种概念联系在一起出现的创新发明或发现。

全息电影（Holographic Movie）：利用光波的干涉现象来记录和重现影像，用全息摄影的方法制作和显示的电影，影像是立体的，有纵深感，亮度范围比普通摄影和电影大得多，一般用于拍摄风光、木偶和动物等。

虚拟现实（Virtual Reality）：简称 VR，虚拟和现实相互结合，是一种可以创建和体验虚拟世界的计算机仿真系统。它利用计算机生成一种模拟环境，使用户沉浸到该环境中。

增强现实（Augmented Reality）：简称 AR，也被称为扩增现实，是可以将真实世界信息和虚拟世界信息综合在一起的较新的技术。AR 不仅能够有效地体现真实世界的内容，也能够让虚拟的信息内容显示出来，使这些细化的内容相互补充和叠加。

混合现实（Mixed Reality）：简称 MR，是虚拟现实技术的进一步发展，通过在虚拟环境中引入现实场景信息，在虚拟世界、现实世界和用户之间搭起一个交互反馈的信息回路，以增强用户体验的真实感。

扩展现实（Extended Reality）：简称 XR，通过计算机将真实与虚拟相结合，打造一个人机交互的虚拟环境，这也是 AR、VR、MR 等多种技术的统称。三者的视觉交互技术相融合，将为体验者带来在虚拟世界与现实世界之间无缝转换的沉浸感。

赛博空间（Cyberspace）：哲学和计算机领域中的一个抽象概念，指在计算机以及计算机网络里的虚拟空间。赛博空间是以计算机技术、通信网络技术、虚拟现实技术等为基础，以知识和信息为内容的新型空间，是人类用知识创造的虚拟世界。

赛博朋克（Cyberpunk）：诞生于科幻作家布鲁斯·贝斯克（Bruce Bethke）的小说 Cyberpunk，是个由控制论（cybernetics）和朋克（punk）组合而成的词，布鲁斯·贝斯克用它来形容迷失的年轻一代——他们是抗拒父母的权威、与主流社会格格不入、利用计算机技术钻漏洞和制造麻烦的"技术宅"。从广义上讲，热衷于赛博空间的人都可以被称为赛博朋克。

边缘计算：指在靠近物或数据源头的一侧，网络、计算、存储、应用核心能力为一体的开发平台，提供最近端服务。简单来讲，就是在接近于现场应用端提供的计算。

数字孪生：充分利用物理模型、传感器更新、运行历史等数据，集成多学科、多物理量、多尺度、多概率的仿真过程，在虚拟空间完成映射，从而反映相对应的实体装备的全生命周期过程。数字孪生体指在计算机虚拟空间存在的与物理实体完全等价的信息模型，可以基于数字孪生体对物理实体进行仿真分析和优化。数字孪生是一种超越现实的概念，可以视为一个或多个重要的、彼此依赖的装备系统的数字映射系统。

机器学习：这是一门多领域交叉学科，专门研究计算机怎样模拟或实现人类的学习行为，以获取新的知识或技能，重新组织已有的知识结构，使之不断改善自身的性能。机器学习是人工智能的核心，是使计算机具有智能性的根本途径。

第三节　元宇宙的六层基本架构

研究机构和业内专家通常将元宇宙的基本架构分为六层：支撑技术层、硬件层、系统层、软件层、激励层和应用层（见图1.1）。

图 1.1　元宇宙的六层基本架构

一、支撑技术层

元宇宙不是一种技术，而是由大量离散的单点创新聚合形成的新物种，是一系列技术的创新融合，是美第奇效应的伟大产物。所以，我们认为元宇宙架构的最底层是支撑技术层。

元宇宙的主要支撑技术主要包括五个方面。

元宇宙的通信类基础技术：5G通信。元宇宙中的各类应用场景对通信技术的要求非常高，需要最先进的移动通信技术才能满足高速、低延迟的通信需求。

元宇宙的算力类基础技术：云计算、云存储、云渲染、边缘计算。目前大型游戏多采用"客户端＋服务器"的模式，对客户端设备的性能和服务器的承载能力都有较高要求，尤其在3D图形的渲染上完全依赖终端运算。要降低用户门槛、扩大市场，就需要将运算和显示分离，在云端图形处理器（GPU）上完成渲染。因此，动态分配算力的云计算系统将是元宇宙的一个重要基础设施。

元宇宙的虚实界面类基础技术：扩展现实、脑机接口、计算机视觉。扩展现实包括VR、AR和MR，其中VR提供沉浸式体验，AR则是在保留现实世界的基础上叠加一层虚拟信息，MR通过向视网膜投射光场，可以实现虚拟与真实之间的部分保留与自由切换。脑机接口也可能成为未来元宇宙中真实人类与虚拟世界之间的连接通路。

元宇宙的生产逻辑类基础技术：人工智能、机器学习、自然语言处理、数字孪生、传感器成像等。内容生产方面，需要智能生成非重复的海量内容，实现元宇宙的自发性有机生长；内容呈现方面，AI驱动的虚拟数字人将元宇宙的内容有组织地呈现给用户；内容审查方面，对元宇宙中人工无法完成的海量内容进行审查，保证元宇宙的安全和秩序。

元宇宙的经济系统类基础技术：区块链和数字资产。基于去中心化网络的虚拟货币，使得在元宇宙中对价值归属、流通、变现和虚拟身份的认知成为可能。具有稳定、高效、规则透明、确定性等优点。此外，NFT的独一无二、不可复制和不可拆分的特性，可以用于记录和交易一些数字资产，如游戏道具、艺术品等，补充了元宇宙的经济系统。

二、硬件层

物理世界的人要想进入元宇宙虚拟世界，自然也需要各类硬件设备。正如互联网的基础设施需要物理层的光缆和电缆，元宇宙也需要一些物理硬件设施。

在本书中，我们将着重讨论面向消费者的硬件（如 VR 头盔、手机和触觉手套）以及面向企业的硬件（用于操作或创建虚拟或基于增强现实环境的硬件，如全息影像、扫描传感器等）；我们将较少讨论计算机专用的一些硬件，如 GPU 芯片和服务器，以及用于搭建网络的硬件，如光缆、电缆或无线芯片组等。

元宇宙的硬件层主要包括：脑机交互、全息影像、智能手机、计算机、半导体、CPU/GPU、XR 等。

三、系统层

传统的系统以中心化为主，即元宇宙的系统包括中心化系统和去中心化系统。中心化系统主要包括安卓、iOS、华为鸿蒙等，去中心化系统也许更适合元宇宙。

扎克伯格说过，元宇宙不是随便哪家公司就能完成的。也许有一些科技巨头会基于中心化的系统推出一些元宇宙项目，但能够得到广泛信任的元宇宙，大概率是基于分布式、去中心化、自组织的系统。

以太坊（Ethereum）就是一个去中心化的区块链网络系统。在以太坊生态中，有上百万名开发者，他们不属于任何组织，他们时刻在想怎样才能做出既有趣又有用的东西。

四、软件层

软件层可辅助硬件设施更好地发挥作用，例如，基础设施类软件包括物理引擎、3D 建模、实时渲染类软件等，人工智能类软件包括 AIGC、数字孪生、虚拟人等。除此之外，还有更多其他类型的软件，在此不一一列举。

五、激励层

激励层的主要内容是元宇宙中的数字资产，包括同质化资产和非同质化资产。激励层的数字资产构成了元宇宙的经济系统，维持元宇宙经济系统的正常运转。

在元宇宙生态系统中，同质化资产与非同质化资产互相补充，共同组成元宇宙的经济系统。以纳斯达克的第一个元宇宙概念股罗布乐思为例，它既有各类虚拟形象、装饰道具等 NFT 资产，也有同质化资产 Robux。

六、应用层

人们进入元宇宙，接触最多的还是应用层。元宇宙的应用层可以涵盖很多类别，比如工业互联网、社交、数字工厂、游戏/娱乐、虚拟办公等。

以 Meta 于 2019 年推出的 Horizon 平台为例，其中有一款元宇宙应用 Horizon Workrooms，人们可以通过其实现线上虚拟会议。

第四节　全真互联网：连接一切、打通虚实

与扎克伯格提出的"元宇宙"概念异曲同工的是，马化腾提出了"全真互联网"。自从2018年明确提出"人联网""物联网""智联网"的三张网理念，到战略升级拥抱产业互联网，马化腾对互联网发展的前瞻判断一直被誉为业界的风向标。此次马化腾抛出"全真互联网"的概念，并公开警示："又一场大洗牌即将开始，就像移动互联网转型一样，上不了船的人将逐渐落伍。"

那么，"全真互联网"指的是什么？

"全真互联网"是移动互联网的升级版本，线上和线下一体化，实体和虚拟一体化，可由实入虚，也可由虚入实，即互联网要全面地、无所不包地融入现实，与现实结合，基于各种硬件和软件等新技术的出现与升级，打开虚拟世界与现实世界的大门。无论是从虚入实，还是由实入虚，都在致力于帮助用户实现更真实的体验。从消费互联网到产业互联网，应用场景的大门也已打开。通信、社交在视频化，视频会议、在线直播崛起，连游戏也在云化。随着VR等新技术、新硬件和软件在不同场景中的运用，又一场大洗牌即将开始。

"全真互联网"意味着连接一切，打通虚实。"真"就是真实世界，"虚"就是虚拟世界，"全真"意味着虚拟世界和真实世界一样，两者密不可分。线上和线下更全面地一体化，实体和虚拟世界更深度地融合，从而将人、信息、物、服务、制造越来越紧密地连接到一起。从技术层面看，"全"不仅意味着万物皆可连接，而且在连

接形式上也更加全面多元，实时通信、音频、视频等基础设施已经完备，5G通信的高带宽、低延时提供了更多人机交互的可能，AI、VR等新技术带来的"触感"，比移动互联网时代更加丰富立体。而"真"则突破了"连接"的物理形态，体现为在网、在线，基于网络基础设施和数据实现生产或者消费流程的再造。

"全真互联网"的由实入虚与由虚入实，都暗藏着商业化价值。由实入虚的商业方面，最具代表性的就是数字孪生，把实体模型应用到数字世界中，实验反馈将有助于现实世界的发展，例如，在医疗、工业、军事等领域。由虚入实方面，最具代表性的是NFT与虚拟偶像。以NFT为例，艺术家虚拟创造的头像卖出了天价。NBA球星史蒂芬·库里（Stephen Curry）花费18万美元买下的"猴子"头像，在元宇宙中就是这个头像的价值。库里是为艺术家的创作付费，就像那些实体的名画收藏家一样。

"元宇宙"和"全真互联网"是东西方文化观的又一次碰撞。"全真互联网"和"元宇宙"有很多相同的地方，比如背后的核心技术基本相同，都包括区块链、大数据、云计算、高速无线通信网络、VR/AR、数字孪生、人工智能等。区别在于"全真互联网"和真实世界是无缝衔接的，在两个世界中的身份是相同的，而元宇宙的虚拟世界身份是可以和真实世界割裂的。

元宇宙是"全真互联网"吗？这其实是两种不同的意识形态的产物。中国的意识形态兴起于农耕文明，讲求民族团结共同抵御外部的天灾人祸，只依靠个人是很难生存的。所以，倾向于将外部灾难内部分担化解，由群体中的每个个体分担，体现为个人服从集体，具有正外部性。而美国的意识形态来源于航海文明，习惯于将自己的成本危机向外部转移，具有负外部性，体现为追求个人利益最大化，私人财产神圣不可侵犯。所以，始于美国意识形态的"元宇宙"，是在虚拟世界中建立一个与真实世界完全不同的新世界，虚拟世界可以与真实世界有两套不同的规则。而始于中国意识形态的"全真互联网",则是追求规则之下的创新,虚拟世界与现实世界并行融合,且和现实世界遵循同样的准则。

至于最终答案究竟是"元宇宙"还是"全真互联网",或许最早提出"元宇宙"概念的小说《雪崩》早已给出了答案,小说描述的元宇宙世界,政府形同虚设,土地被各大企业统治,划分成各路特许城邦,阶层不平等无处不在……追求在规则之下做创新的腾讯,也不是对元宇宙完全没有野心,罗布乐思、英佩游戏这些被誉为元宇宙龙头的项目,腾讯赫然位列其股东名单。

第五节　元宇宙可能就是下一代互联网

在全球互联网渗透率已达较高水平的情况下，移动互联网时代的用户红利已至瓶颈，"元宇宙"概念的出现是人们对移动互联网继承者的展望：它是互联网的下一个阶段，是新时代的流量环境，是互联网具象化的 3D 表现方式，是沉浸式体验的虚拟世界。

从人类文明的承载形势来看，虚构一直是人类文明的底层冲动。元宇宙将真正改变我们与时空互动的方式，以虚实融合的方式深刻改变现有社会的组织与运作，从而催生线上线下一体的新型社会关系，从虚拟维度赋予实体经济新的活力。

人类对元宇宙的需求场景会真实存在，C 端用户以前所未有的沉浸方式体验虚拟人生，形成虚实二维的新型生活方式，而游戏是元宇宙发展初期的主要 C 端形态和场景；B 端应用方面，虚拟化推动制造业效率提升，如数字汽车工厂能大幅提高厂商在设计、生产、测试中的效率。

以我国互联网行业为例，互联网行业发展至今，遇到了以下两大困境。

第一，我国互联网流量增长几乎触顶，流量红利逐步消失。根据中国互联网信息中心（CNNIC）的数据，截至 2021 年 6 月，我国网民规模达 10.11 亿人，互联网普及率已经达到 71.6%，我国手机网民规模达到 10.07 亿人，网民使用手机上网的比例为 99.6%。计算机互联网、移动互联网的流量增长均已触顶。根据袤博科技（MobTech）的数据，2021 年第二季度，我国移动互联网用户日均使用时长为 5.8 小时，6 小时的天花板依旧无法突破。随着移动互联网普及率的触顶，我国移动互联网用户规模已趋于稳定，增长规模有所放缓，行业发展趋于平稳，流量增长几乎触顶，流量红利逐步消失。

第二，我国互联网巨头用户渗透率基本见顶，天花板显现。截至 2021 年第二季度，BAT（百度、阿里巴巴、腾讯的简写）渗透率均超过 80%，其中腾讯系和阿里系的用户渗透率分别达到 96.2% 和 92.7%。今日头条凭借短视频产品，渗透率也高达 63.1%。截至 2021 年第二季度，移动游戏、移动视频和移动音乐的用户渗透率分别达到 87.7%、72.1% 和 63.1%。从内容端来看，流量红利见顶，各细分赛道均已转入存量用户深耕阶段。

当前，互联网的内容都是通过文字、图片、视频等方式呈现的，由以上数据可知，这种维度的呈现方式已经触及天花板，若无法提升用户体验，互联网很难有进一步的增长，但是在这种模式下，人与人以及人与物之间的距离依然非常遥远。

社交方面，当前的各类社交软件，比如 WhatsApp、Meta、QQ、微信等，只是在初级阶段解决了人与人之间的沟通需求，无法达到现实生活中面对面交流所能达到的效果，尤其是陌生人之间的沟通依然比较困难和低效。人们基本上不会在线上相亲、举办 Party 等，人与人之间的交流形式较为单一。

购物方面，电子商务发展的初级阶段，亚马逊（Amazon）、淘宝、京东等电商平台主要以文字和图片的形式展示商品，但是人们往往买不到真正想要的商品，尤其是心仪的衣服。通过网购拿到手的商品往往与图片相去甚远。虽然这些购物网站现在都加入了视频展示以及 3D 展示，但商品的展示效果与实物之间可能仍有天壤之别。人们买衣服的时候只能看到模特的穿搭效果，却不能亲自试穿，因而经常出现退换货的情况，购物效率较低下，同时还造成了社会资源的极大浪费。

娱乐方面，如今互联网上的视频、音乐、游戏等娱乐活动均无法让用户真正身临其境，用户仅仅通过计算机、手机等进行交互，娱乐体验不高。就拿看电影来说，相较于在家看电影，大多数人更喜欢去电影院观看，因为计算机和手机的播放效果与电影院的3D效果仍然相去甚远。

以上三个方面，是互联网运用的非常重要的三个场景，如果将它们放到元宇宙中，将会有更好的体验。在元宇宙中，人们可以各自的分身在线上开Party，可以去元宇宙中的香榭丽舍大道逛街购物，还可以在线上身临其境般地参加喜欢的明星演唱会，即使是在疫情期间。

那么，人类步入元宇宙时代的奇点什么时候到来？正如同19世纪时，人们无法预测电力将如何彻底改变世界一样，早期互联网时代的人无法预测移动互联网时代具体的模样，正处于当下的我们也很难预测元宇宙的清晰模样。

所谓"不问来处，何知前路"，不理解科技产生的历史路径与推动因素，就难以对科技未来发展做出前瞻和"模糊又正确"的判断。我们尝试探寻历史上的电力革命、移动互联网革命这两波重要浪潮的"发起—高潮—平稳"历程，推断出人类通往虚拟世界的节奏仍然要遵循技术成熟到商业可行，再到市场增量空间的规律。按现在的底层技术、商业可行性预测，元宇宙革命的全面突破仍然较为久远。

第二章

元宇宙的底层经济系统

虚拟现实技术，在2014年兴起后，2015年就已经大热，科技巨头纷纷推出了自己的VR产品。2016年，百度、阿里巴巴、腾讯三大互联网巨头都已经进军VR领域，联想、魅族、光线传媒、爱奇艺都布局了VR，乐视和暴风既做VR硬件，也做VR内容。VR行业变得炙手可热，国内市场竞争日益激烈。

2016年的VR有多火呢？美国国家广播公司（NBC）宣布推出里约奥运会VR直播，这是VR技术在奥运会节目中首次被广泛应用的案例。Oculus和Meta带来了名为"Avatar"的VR社交服务。2016年谷歌（Google）的I/O大会上，谷歌"Daydream"（白日梦）平台备受关注。小米VR眼镜正式版发布，售价仅为199元。微软在纽约召开Windows10发布会，发布了一款Windows10 VR头显，售价为299美元。

为什么虚拟现实产业后来逐渐销声匿迹了呢？原因可能有很多，比如缺乏内容、芯片处理速度慢，而且成本偏高、生态和上下游产业链尚未成型等，但是缺少区块链技术的支撑是主要的原因之一。

以虚拟现实为核心的元宇宙之所以爆发，区块链起到了非常重要的作用，以往的VR/AR、体感互动等提供了硬件、技术和内容，但是缺少经济体系，也缺少与现实关联的连接器。区块链的出现和应用改变了以往纯粹娱乐、简单社交、并不实用的局面，开创了虚拟与现实强关联、强社交、真有用、能获利的新局面（即元宇宙）。但元宇宙、区块链的发展肯定不会是一帆风顺的，会经历各种挫折。NFT作为一种技术将被应用于各行各业中，包括身份证件、房产、汽车、奢侈品、生物基因、票据合同等，NFT 可能会使区块链真正成为通用技术的开始（见图 2.1）。元宇宙的初期应用可能是以娱乐、游戏为主，未来也会应用到各行各业中。高度发达的文明，一定是高度虚拟化和数字化的。

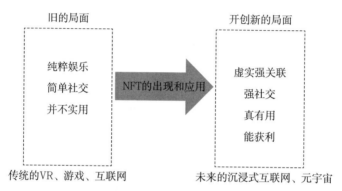

图 2.1 NFT 开创新局面

现在元宇宙如此火爆，区块链——尤其是 NFT 的出现确实是起到了极大的推波助澜的作用。区块链的内核技术有哪些？NFT 是什么新技术？NFT 如何实现？NFT 的应用场景如何构造？背后的逻辑和原因有哪些？这些问题的答案都将在下文展开和揭晓。

第一节　区块链的核心思想与技术手段

一、区块链的概念和定义

什么是区块链？区块链的英文是"Blockchain"，比特币白皮书的英文原版其实并未出现"Blockchain"一词，而是"Chain of Blocks"，后来逐步演化为"Blockchain"。

区块链是信息技术领域的一个术语。从科技层面来看，区块链涉及数学、密码学、互联网和计算机编程等很多科学技术问题。从本质上讲，它是分布式数据存储、点对点传输、共识机制、加密算法等计算机技术的新型应用模式（见图2.2）。从应用视角来看，简单地说，区块链是一个分布式的共享账本和数据库，具有去中心化、不可篡改、全程留痕、可以追溯、集体维护、公开透明等特点。这些特点保证了区块链的"诚实"与"透明"，为区块链赢得人们的信任奠定了基础。

区块链解决了在不可靠的信道上传输可信信息，进行价值转移的问题，而共识机制解决了区块链在去中心化的设计和分布式场景中多节点间达成一致的问题，智能合约更加接近现实，并延伸到了社会生活和商业活动的方方面面。虚拟货币和数字资产得益于区块链技术的发展和应用，将来实体经济也会成规模地上链，越来越多的经济活动将会在链上完成，这将使可编程经济最终成为现实。信任的可编程和价值的可编程，最终会推动可编程社会的到来。

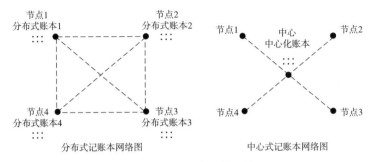

图 2.2 两种记账方式的网络图

在区块链世界里,每个身份和数据都是唯一的,都是清晰可寻的,这对于未来实现"万物互联"是至关重要的,就像因为有了 IP 地址和域名我们才有了真正的互联网一样。区块链很重要的进步是万物编码,大到社会和自然,小到个人的生活情感,都可能会被唯一映射到区块链的世界中。区块链,可以说是现实世界向数字世界大规模、更深度迁移的开始。

主体的数字化,是实现未来更大范围无人化、自动化的前提,区块链就为这种数据、设备、信息的自动化运行,点对点地互相控制提供了非常好的实现方案,而这必将带来翻天覆地的变化。互联网将全世界的计算机和人连接起来,物联网将越来越多的智能硬件(数字体)接入网络,人工智能让网络和设备、软件更加智慧,区块链让网络不仅可以传输信息,还可以传输价值,而且让万物上链,形成无数个智慧自治的生态组织,让计算机、人、智能硬件、软件、数据等各司其职,平等对话,确保整个世界和计算机共同组成的网络能实现值得信任的协作和交换。

区块链是技术思想和哲学思想,这意味着未来区块链项目会把它的分布式计算和控制渗透到更多项目中,深刻改变原来的组织模式、生产模式、管理模式,让生活中的方方面面参与其中。

二、数字货币的基本概念及特征

说到区块链不得不提到比特币,比特币的底层技术被提炼出来就是最初的区块链。比特币是在全世界拥有广泛影响力的加密数字货币,但是比特币本身并没有价值,而且加密数字货币不受法律的认可和保护,存在很大的投资风险。本书仅从学术研究的角度介绍其工作原理和核心特征。数字货币和元宇宙有着紧密的关系,在我国的元宇宙发展进程中,中国人民银行发行的数字货币可能会得到广泛的应用。

(一)加密数字货币是加密、匿名性货币

加密数字货币是建立在基于密码学的安全通信上的(也就是非对称加密、数字签名等技术),比如比特币的区块哈希算法采用的是双重 SHA 256 算法,使用工作量证明共识机制(Proof of Work,PoW)来确保货币流通各个环节的安全性,确保其无法进行双花(Double Spending,双重支付,指一笔数字现金在交易中被重复使用的现象)。基于密码学的设计,可以使加密数字货币只能被真实的拥有者转移或支付。

同时在加密数字货币中,拥有这些货币的唯一凭证就是你所掌握的密钥,系统只会对你的密钥进行验证,而不会获取关于你的任何信息,你的任何操作都是匿名的,安全系数很高。

(二)加密数字货币是可编程货币

区块链的四大特性是共享账本、加密算法、智能合约和共识机制。加密数字货币运行于区块链或分布式账本系统上,它和运行于

金融机构账户系统上的电子货币的显著区别是，区块链或分布式账本赋予它的可编程性。

电子货币在金融机构账户上表现为一串串数字符号，交易只表现为账户之间数字的增减。加密数字货币在分布式账本上表现为一段段计算机代码，交易是账户或地址之间计算机程序与程序的交换。区块链的可编程性使得人们可以编制智能合约，一旦双方或多方事先约定的条件达成，计算机将监督合约自动执行，任何人都不可能反悔。可编程性不但让银行拥有了追踪货币流向的能力，还拥有了精准执行货币政策、精准预测市场流动性的超级能力。在区块链和加密数字货币出现之前，这是不可能的。同时，可编程性也能让金融交易变得自动化，省去金融机构庞大的承担后期结算业务的中后台部门，甚至让很多金融交易可以实时清算。这无疑极大地提升了金融交易的效率，提高了资金周转速度，削减了运营成本。

（三）加密数字货币是去中心化自治货币

加密数字货币的基础——区块链的特点就是去中心化。区块链通过一系列数学算法建立了一整套自治机制，使得人们在不需要中介机构帮助的情况下，就可以自由、安全地做到点对点的货币转移，并由参与者自发、公平地完成货币的发行。

但实际上这只是一种理想状态，目前不少加密数字货币做不到完全去中心化，并且在该不该完全去中心化这一点上还存在争执。

（四）加密数字货币的运行基础是分布式网络

加密数字货币的本质是一个互相验证的公开记账系统，这个系统所做的，就是记录所有账户发生的所有交易。每个账号的交易都会记录到全网总账本（区块链）中，而且每个人手上都有一份完整的账本，每个人都可以独立统计出比特币有史以来每个账号的所有账目，也能计算出任意账号的余额。因此，系统里任何人都没有唯一控制权，系统稳定而公平。

（五）价值传输

互联网的电子货币只能做信息的传递而无法做价值的传递。在支付宝上，银行在进行账户数字的加减之后，实际货币的结算可能是在24小时，甚至一个月之后进行的，价值的传递因脱离信息的传递而滞后，严重依赖于整个中心的运作。

加密数字货币网络中的每一笔转账，本身都是价值的转移。加密数字货币本身是完全虚拟的，它代表的是价值的使用权，而转账就是对价值的使用权进行再授权。基于区块链的可溯源结构，我们可以追寻每一枚"币"在被发行出来以后价值的流转历程。

（六）支付便捷

加密数字货币不受时间和空间的限制，能够快捷、方便且低成本地实现境内外资金的快速转移，整个支付过程更加便捷有效。以货币跨境转汇为例，传统货币转汇境外需要通过银行机构办理严苛、复杂、漫长的手续，如金融电信协会的业务识别码、特定收款地的国际银行账号等。加密数字货币所采用的区块链技术具有去中心化的特点，不需要任何类似清算中心的中心化机构来处理数据，交易处理速度更快。

第二节　价值传输网络与信任的机器

一、非对称加密和公开广播构建信用体系

（一）信用体系的底层原理分析

著名的《经济学人》杂志于 2015 年 10 月发布了题为《信任机器》(The Trust Machine)的封面文章，将区块链比喻为"信任的机器"。区块链的保障系统确保价值交换活动的记录、传输、存储结果都是可信的。区块链记录的信息一旦生成永久记录，将无法篡改，除非拥有全网络 51% 以上的算力才有可能修改最新生成的一个区块记录。

现在的区块链和未来的区块链远比这个要复杂得多，但是我们还是要从区块链的基础来理解（见图 2.3）。

图 2.3　链式结构图

在过去，人们将数据记录、存储的工作交给中心化的机构来完成，而区块链技术则让系统中的每一个人都可以参与数据的记录、

存储。区块链技术在没有中央控制点的分布式对等网络下，使用分布式集体运作的方法，构建了一个P2P的自组织网络。通过复杂的校验机制，区块链数据库能够保持完整性、连续性和一致性，即使部分参与人作假也无法改变区块链的完整性，更无法篡改区块链中的数据。

通过区块链技术，即使没有中立的第三方机构，互不信任的双方也能实现合作。简而言之，区块链类似一台"创造信任的机器"。

（二）结合实际应用谈区块链的信用机制

在物流领域，利用数字签名和公私钥加解密机制，能充分保证信息安全以及寄件人、收件人的隐私。区块链不可篡改、数据可完整追溯以及具有时间戳的功能，可有效解决物品溯源防伪问题。在智能制造领域，数据透明化使研发审计、生产制造和流通更有效，同时使企业更具竞争优势。在"互联网＋公益"、指尖公益等慈善领域，区块链上存储的数据具有可靠性且不可篡改，适合用在社会公益场景，提升公益透明度。在教育领域，区块链技术可及时规避信息不透明和容易被篡改的问题，教育信用体系不完整、论文造假等问题将迎刃而解。

由于区块链技术使交易信息完全透明、不可更改，因此可以极大地降低由信息不对称带来的信用风险和征信成本。不过，当前互联网在线交易速度以秒为单位，区块链的反应速度还是其在大规模应用前面临的一大问题。

区块链最大的颠覆性在于信用的创造机制。这超越了传统和常规意义上需要依赖制度约束来建立信任的方式，即你可以不信任交易对手，但必须信任最终实现结果的信用方式。

（三）非对称加密

区块链技术基于数学（非对称加密算法）原理对信用创造机制进行了重构，通过算法为人们创造信用，从而达成共识背书。

1. 单钥密码系统

对称加密（Symmetrical Encryption），这是一种采用单钥密码系统的加密方法，一个密钥可以同时用作信息的加密和解密，这种加密方法称为对称加密，也称单密钥加密（见图2.4）。所谓对称，就是采用这种加密方法的双方使用相同方式、同样的密钥进行加密和解密，密钥是控制加密及解密过程的指令，算法是一组规则，规定如何进行加密和解密。

因此，加密的安全性不仅取决于加密算法本身，密钥管理的安全性更是重要。因为加密和解密都使用同一个密钥，如何把密钥安全地传递到解密者手上就成了必须要解决的问题。

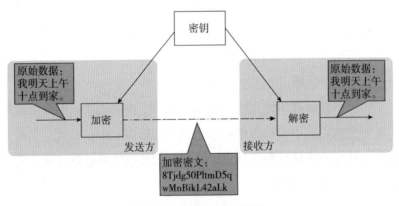

图2.4 对称加密示意图

2. 非对称加密的定义、原理及介绍

非对称加密（Asymmetric Cryptography），是密码学的一种算

法，也称为公开密钥加密（Public Key Cryptography），非对称加密算法需要两个密钥：公开密钥（Public Key，简称公钥）和私有密钥（Private Key，简称私钥）。公钥与私钥是一对，如果用公钥对数据进行加密，只有用对应的私钥才能解密。因为加密和解密使用的是两个不同的密钥，所以这种算法叫作非对称加密算法（见图2.5）。公钥可以任意对外发布，而私钥必须由用户自行保管，绝不会通过任何途径向任何人提供，也不会透露给要通信的另一方，即使他被信任。

非对称加密算法实现机密信息交换的基本过程是甲方生成一对密钥并将公钥公开，需要向甲方发送信息的其他角色（乙方）使用该密钥（甲方的公钥）对机密信息进行加密后再发送给甲方；甲方再用自己的私钥对加密后的信息进行解密。甲方想要回复乙方时正好相反，使用乙方的公钥对数据进行加密，同理，乙方使用自己的私钥来解密。

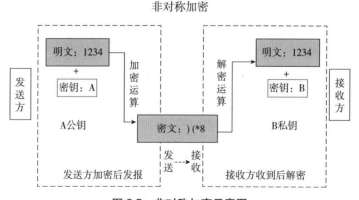

图2.5 非对称加密示意图

3.区块链的核心算法

在非对称加密中使用的算法主要有RSA算法、ElGamal算法、背包算法、Rabin算法、D-H算法、ECC（椭圆曲线加密）算法。

使用最广泛的是 RSA 算法，ElGamal 算法也是一种常用的非对称加密算法。

二、从互联网的信息网络到区块链的价值网络

（一）为什么区块链是价值网络

区块链基于数学原理解决了交易过程中的所有权确认问题。从一般意义上来说，我们把第一代互联网叫作信息互联网，主要是利用互联网技术进行更快、更好的信息传输，BAT 这三家公司其实做的都是信息传播的生意。2009 年 1 月上线运行的区块链技术，被誉为第二代互联网，人们预测，它必会像第一代互联网一样，给人们的生活带来翻天覆地的变化。所谓价值互联网，就是使人们能够在互联网上，像传递信息一样方便、快捷、低成本地传递价值，尤其是资金。

信息与价值往往密不可分，在人类社会中，价值传递的重要性也与信息传播不相上下。互联网的出现，使信息传播手段实现了飞跃，信息不经过第三方就可以点对点地在全球范围内高效流动。而价值传递的效率，却还没有得到同步提升。区块链的诞生，正是人类构建对等信息互联网的价值传输网络的开始。

区块链技术是互联网 TCP/IP 结构中与超文本传输协议（HTTP）同等重要的价值传输协议，也可以说，HTTP 与区块链价值传输协议是互联网应用协议中最核心的两个协议。区块链基于数学原理，解决了交易过程中的所有权确认问题。参与者之间不需要了解对方的基本信息，也不需要借助第三方机构的担保或保证，就可以进行可信任的价值交换。

在区块链系统内，价值转移过程的信任机制主要是通过"非对

称密钥对"完成两项任务实现的，即"证明你是谁"和"证明你对即将要做的事情已经获得必要的授权"。密钥对需满足以下两个条件：信息用其中一个密钥加密后，只有用另一个密钥才能解开；其中一个密钥公开后，根据公开的密钥也无法测算出另一个，其中这个公开的密钥称为公钥，不公开的密钥称为私钥。

公钥是公开的、全网可见的，所有人都可以用自己的公钥来加密一段信息，从而保证信息的真实性；私钥只有信息拥有者才知道，被加密过的信息只有拥有相应私钥的人才能够解密，从而保证信息的安全性。私钥对信息签名，公钥验证签名，通过公钥签名验证的信息确认为私钥持有人转移出的价值；公钥对交易信息加密，私钥对交易信息解密，私钥持有人解密后，可以使用收到的转移的价值。区块链技术在金融领域的运用可能不是货币创造，而是价值传输与公共账簿。

（二）价值网络在金融方面的体现

区块链网络就是价值互联网，它将使人们在网上像传递信息一样方便、快捷、低成本地传递价值，这些价值可以表现为资金、资产或其他形式。区块链的应用前景几乎不可限量。金融行业因为是最数字化的行业，所以被认为是可以最先应用区块链技术的行业。目前，大部分区块链创业者的目标，是使区块链技术可以应用于金融行业中，比较成熟的应用场景已经有支付、跨境汇款、众筹、数字资产交易等。还有几十个金融应用场景正在各大金融机构的区块链创新实验室里进行着试验、验证，不久的将来就会陆续参与进金融行业的生产中。

资金传递不再需要金融中介作为信任背书，而是依靠一整套数学算法来约束，人们可以点对点地发起自助金融交换。毕竟，点对点的交换可以省去不菲的中介费用。据粗略统计，全球每年的小额跨境汇款，光手续费就要花去近200亿美元，如果用区块链解决方案，这笔费用几乎可以省去。

（三）价值网络在物联网方面的体现

区块链技术的另一个巨大应用前景在物联网方面。美国国际商业机器公司（IBM）2014年发表的物联网白皮书《设备民主》给出了这样一个结论：当2050年联网在线的设备达到1 000亿台时，通信带宽以及中心数据库都不可能承载传输、存储和处理这个当量的数据，而且这个数量级设备的身份认证也是现有技术无法管理好的。区块链也许是千亿级设备物联网的最优解决方案。要真正实现所有权与使用权分离的共享经济社会，区块链技术也许是最优的解决方案：把租车人的身份和汽车的身份都登记在区块链总账上，那么租车就像下楼开自己的车一样方便，车辆的出租方也能在区块链上秒速确认租车人的身份，如果再加上智能合约，那么一切都能自动完成，拥有它与使用它也就完全没有区别了。

区块链自身的技术特点保障了系统对价值交换活动的记录、传输、存储的结果都是可信的。这样的体系可以让人们在没有中心化机构的情况下达成共识。

第三节　数据资产化为元宇宙提供了经济基础

资产数字化是社会发展的趋势，可以最大限度地减少资源的浪费，降低成本，这是资产流通最便捷的方法。区块链能够对每一个互联网中代表价值的信息和字节进行产权确认、计量和存储，从而实现资产在区块链上可被追踪、控制和交易。

比特币解决了长期存在的数字现金问题——双重支出问题。在区块链密码学出现之前，数字现金与任何其他数字资产一样，可无限复制（比如我们能够保存别人的图片或者用网络公开的图片做自己的头像），并且无法确认某批数字现金是否尚未用完，必须有一个值得信赖的第三方（无论是银行还是PayPal）在交易中保留分类账，以确认每部分数字现金只花了一次。

混乱的、无序的数据当然无法成为资产，而比特币开创了一种有序、精准的数字资产。金融、经济和金钱，房产、汽车等实物资产，或是专利、版权、名誉等无形资产，都能利用区块链技术完成登记、交易、检测、追踪。

数字资产利用区块链数据的不可更改和可编程性，比如在区块链上登记股票和债券，可依靠智能合约进行点对点的自主交易、自我结算。数字资产加上智能合约，应用范围扩大到了整个社会，包括身份认证、公证、仲裁、审计、域名、物流、医疗、邮件、签证、投票等领域，区块链技术有可能成为"万物互联"的一种最底层的协议。

区块链能够实现有形和无形资产的确权、授权和实时监控。在无形资产管理方面，可广泛应用于知识产权保护、域名管理、积分管理等；在有形资产管理方面，则可结合物联网技术形成"数字智能资产"，实现基于区块链的分布式授权与控制。

第四节　智能合约与共识机制

一、智能合约构建自动化执行的数字世界

20世纪90年代初，一位叫尼克·萨博（Nick Szabo）的密码学家开始探讨智能合约。智能合约是指当一个预先编好的条件被触发时，智能合约将执行相应的合同条款。

2014年前后，业界开始认识到区块链技术的重要性，并将其用于数字货币外的领域。以智能合约为代表的区块链2.0，将区块链的应用延伸到了物联网、智能制造、供应链管理、数字资产交易等多个领域。

那么，智能合约是什么呢？从用户角度来讲，智能合约通常被认为是一个自动担保账户，例如，当特定的条件被满足时，程序就会释放和转移资金。从技术角度来讲，智能合约被认为是网络服务器，只是这些服务器并不是使用IP地址架设在互联网上的，而是架设在区块链上，在上面可以运行特定的合约程序。

智能合约是编程在区块链上的汇编语言，通常人们不会自己写字节码（底层代码），但是会用更高级的语言来编译它，例如，用Solidity——与Javascript类似的专用语言。智能合约赋予区块链更多的功能性和实用性，通过代码可以实现无数种可能的互动，比如最基本的转移数字货币和记录事件。

基于区块链技术的智能合约，不依赖第三方自动执行双方协议

承诺的条款,具有预先设定后的不变性和加密安全性,从规避违约风险和操作风险的角度较好地解决了参与方的信任问题。智能合约在现实生活中一个典型的应用场景就是自动售货机,基于预先设计的合同承载,任何人都可以用硬币与售货机交流。只要向机器内投入指定面额的货币,就可以选择购买的商品和数量,自动完成交易。自动售货机密码箱等安全机制可以防止恶意攻击者存放假钞,保证自动售货机的安全运行。

日趋完善的智能合约将根据交易对象的特点和属性产生更加自动化的协议。人工智能的进一步研究将帮助机器了解越来越复杂的逻辑,针对不同的合同实施不同的行为。更加成熟的数据处理系统能够主动提醒起草人合约在逻辑或执行方面存在的问题,从而扩大智能合约的应用范围和深度,更好地解决交易过程中的信任问题。

代码的执行是自动的,要么成功执行,要么所有的状态变化都撤销(包括从当前失败的合约中已经发送或接收的信息)。这是很重要的,因为它避免了合约部分执行的情况。其实在传统金融领域也是这样操作,一般称之为"回滚"。在区块链环境中,这尤为重要,因为没有办法撤销执行错误所带来的不良后果(而且如果对方不配合的话,根本就没有办法逆转交易)。

智能合约被认为是使用区块链技术的又一个热门领域。在这个领域内,最著名的企业就属以太坊了。通过非对称密钥对解决所有权信任问题,基于区块链的技术优势,保证价值转移过程的安全信任,通过智能合约解决信任执行问题,最终实现了"无须信任的信任"。

二、共识机制——每个节点遵守的规则

共识机制,就是区块链事务达成分布式共识的算法。

由于点对点网络下存在较高的延迟问题,各个节点所观察到的

事务先后顺序不可能完全一致。因此，区块链系统需要设计一种机制，对在差不多时间内发生的事务的先后顺序进行识别。这种对一个时间窗口内的事务的先后顺序达成共识的算法被称为"共识机制"。

常见的共识机制有 POW、PoS（Proof of Stake，权益证明机制）、DPoS（Delegated Proof of Stake，股份授权证明机制）、dBFT（Delegated Byzantine Fault Tolerance，授权拜占庭容错算法）等，随着区块链技术的快速发展，大量新的共识机制被创造出来。共识机制有的是基于证明（PoW、PoS、DPoS），有的是基于 dBFT，有的是基于随机性，而且还有各种创新。

（一）PoW 共识机制

PoW 即工作量证明，就是大家熟悉的"挖矿"，通过与或运算，计算出一个满足规则的随机数，即获得本次记账权，发出本轮需要记录的数据，全网其他节点验证后一起存储。比特币系统使用的工作量证明机制使更长总账的产生具有计算性难度。

优点：（1）算法简单，容易实现；（2）节点间无须交换额外的信息即可达成共识；（3）破坏系统需要投入极大的成本；（4）完全去中心化。

缺点：（1）浪费能源；（2）区块的确认时间难以缩短；（3）在新的区块链上必须找到一种不同的散列算法，否则就会受到比特币的算力攻击；（4）容易产生分叉，需要等待多个确认；（5）永远没有最终性，需要检查点机制来弥补最终性。

（二）PoS 共识机制

PoS 即权益证明，它将 PoW 中的算力改为系统权益，拥有的权益越大则成为下一个记账人的概率就越大。这种机制的优点是不像 PoW 那么费电，但是也有不少缺点：（1）没有专业化，拥有权益的参与者未必希望参与记账；（2）容易产生分叉，需要等待多个确认；（3）永远没有最终性，需要检查点机制来弥补最终性；（4）还是需要"挖矿"，本质上没有触及商业应用的痛点。

股权证明机制已有很多不同变种，但基本概念是产生区块的难度应该与在网络里所占的股权（所有权占比）成比例。目前已有两个系统开始运行：点点币和未来币。点点币使用一种混合模式，用股权调整"挖矿"难度。未来币使用一个确定性算法以随机选择一个股东来产生下一个区块。未来币算法基于账户余额来调整被选中的可能性。

DPoS 在 PoS 的基础上，将记账人的角色专业化，先通过权益来选出记账人，然后各记账人再轮流记账。这种方式依然没有解决最终性问题。

TaPoS（Transaction as Proof of Stake）是基于交易的股权证明机制。代表制是一个在短时间内达成坚固共识的高效方式，而 TaPoS 为股东们提供了一个长效机制来直接批准他们代表的行为。平均而言，51% 的股东在 6 个月内会直接确认每个区块。而取决于活跃流通的股份所占的比例，差不多 10% 的股东可以在几天内确认区块链。这种直接确认保障了网络的长期安全，并使所有的攻击尝试变得极其清晰易见。

第三章

物联网与传感网络

第一节 物联网的结构与工作原理

一、物联网的基本概念

物联网是指通过信息传感器、射频识别技术、全球定位系统、红外线感应器、激光扫描器等各种装置与技术，实时关注任何需要监控、连接、互动的物体或过程，采集其声、光、热、电、力学、化学、生物、位置等各种需要的信息，通过各类可能的网络接入，实现物与物、物与人的泛在连接，实现对物品和过程的智能化感知、识别和管理。物联网是一个基于互联网、传统电信网等的信息承载体，它让所有能够被独立寻址的普通物理对象形成互联互通的网络。

其应用领域主要有运输和物流、工业制造、健康医疗、智能环境（家庭、办公、工厂）等，并且具有十分广阔的市场前景。简而言之，物联网就是"物物相连的互联网"，涉及当下几乎所有与计算机、互联网相关的技术，可以实现物体与物体之间，环境及状态信息的实时共享以及智能化的收集、传递、处理、执行。广义上说，当下涉及信息技术的应用，都可以纳入物联网的范畴。

二、物联网的三层架构

物联网在架构方面可以分为感知层、网络层和应用层，如图3.1所示。

感知层：负责信息采集和物物之间的信息传输，信息采集的内容包括传感器、条码和二维码、RFID射频技术、音视频等多媒体信息，信息传输的技术包括远近距离数据传输技术、自组织组网技术、协同信息处理技术、信息采集中间件技术等。感知层是物联网实现全面感知的核心，是物联网中关键技术、标准化方面、产业化方面亟待突破的部分，需要具备更精确、更全面的感知能力，并解决低功耗、小型化和低成本的问题。

网络层：是利用无线和有线网络对采集的数据进行编码、认证和传输，广泛覆盖的移动通信网络是物联网必要的基础设施，是物联网三层中标准化程度最高、产业化能力最强、最成熟的部分，需要针对为物联网应用特征进行优化和改进，形成协同感知的网络。

应用层：提供丰富的基于物联网的应用，是物联网发展的根本目标。将物联网技术与行业信息化需求相结合，实现广泛智能化应用的解决方案集的关键在于行业融合、信息资源的开发利用、低成本高质量的解决方案、信息安全的保障以及有效的商业模式的开发。

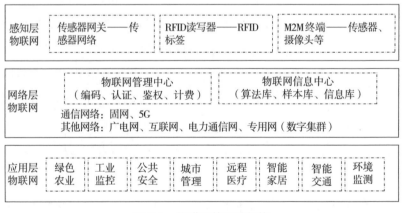

图 3.1　物联网的三层架构

各个层次所用的公共技术包括编码技术、标识技术、解析技术、安全技术和中间件技术。

第二节 物联网体系结构的特点与设计原则

一、物联网体系结构的特点

物联网的网络结构属于一种传感器网加上互联网的网络结构，传感器网作为末端的信息拾取或者信息馈送网络，是一种可以快速建立，不需要预先存在固定的网络底层构造的网络体系结构。物联网特别是传感网中的节点可以动态、频繁地加入或者离开网络，即使未事先通知，也不会中断其他节点间的通信。网络中的节点可以高速移动，带动节点群快速变化，节点间的链路通断也会随之频繁变化。

传感器网络的这些特点，决定了物联网或者传感网具有以下特点。

（1）网络拓扑结构变化快。传感器网络密布在需要拾取信息的环境之中。传感器数量多，设计寿命的期望值长，结构简单，通常独立开展工作。而实际上，传感器的寿命受环境的影响较大，失效是常事。传感器的失效，往往造成传感器网络拓扑结构的变化。这一点在复杂和多级的物联网系统中表现得尤为突出。

（2）传感器网络难以形成网络的节点和中心。传感器网络的设计和操作与其他传统的无线网络不同，它基本上没有固定的中心实体。标准的蜂窝无线网正是靠这些中心实体来实现协调功能的，而传感器网络则必须靠分布算法来实现协调功能。因此，传统的基于集中的归属位置寄存器（HLR）和漫游位置寄存器（VLR）的移动管理算法，以及基于基站和移动交换中心（MSC）的媒体接入控制算法，在传感器网络中都不再适用。

（3）传感器网络的作用距离一般比较短。传感器网络自身的通信距离多为几米、几十米，例如，射顿电子标签 RFID 中的非接触式 IC 卡，间读器和应答器之间的作用距离，密耦合的工作环境是二者贴近，近耦合的工作距离一般小于 10 厘米，疏耦合的工作距离也只有 50 厘米左右，有源的 RFID，如电子收费系统（ETC），其工作距离通常在 1 米至数米的范围之内。

（4）传感器网络数据的数量不多。在物联网中，传感器网络是前列的信息采集器件或者设备。由于其工作特点，一般是定时、定点、定量地采集数据并完成向上一级节点的传输，故数据的量不大。这一点与互联网的工作情况有很大的差别。

（5）物联网对数据的安全性要求较高。物联网工作时，一般少有人员的介入，完全依赖于采集、传输和存储的数据，进行分析，并且报告结果和采取相应的措施。如果数据发生错误，就会引起系统的错误决策和行动。物联网对数据的安全性要求较高，这一点与互联网不一样。互联网由于使用者具有相当的智能和判断力，因此在网络和数据受到攻击时，往往可以主动采取措施。

（6）网络终端之间的关联性较低。在物联网中，终端节点之间很少传输信息，因此终端之间的独立性较大。通常，物联网的传感终端和控制终端工作时，均通过网络设备或者上一级节点传输信息，因此传感器之间的信息相关性不大，比较独立。

（7）网络地址的短缺导致网络管理较为复杂。众所周知，物联网中的每个传感器都应该获得唯一的地址，这样网络才能正常地工作。但是，目前 IPv4 地址即将用完，以致互联网地址也已经非常紧张。像物联网这样大量使用传感器节点的网络，对地址的寻求就更加迫切。尽管 IPv6 已经考虑到了这一问题，但是由于互联网协议第 6 版（IPv6）的部署需要考虑与 IPv4 的兼容，而且巨大的投资并不能立即带来市场的巨大商机，因此各大运营商对 IPv6 的部署一直持谨慎态度。目前对这一问题的解决方案大多倾向于采取内部的浮动地址，因此增加了物联网管理技术的复杂性。

二、物联网体系的设计原则

物联网不仅是一项尖端技术，它还在改变社会和技术方面显示出了巨大潜力。相关研究机构预测，到 2025 年，全球物联网市场规模将超过 1.5 万亿美元，并产生重大的经济影响。

思科（Cisco）的一项调查显示，尽管设备正在大规模联网，但 75% 的物联网项目都失败了。这种失败源于太多的设备、数据和云碎片。然而，每一家有物联网想法的公司都想控制数据和他们的客户，并拥有自己的平台。当前，已有多个物联网平台进入市场，但它们的解决方案普遍缺乏构建平台的真正架构原则。

以下是在构建物联网平台之前需要考虑的八条设计原则。

（一）可扩展性

到 2025 年，物联网将产生 79.4ZB 的数据，其中大部分是非结构化的。由于设备种类繁多，即使是平台也需要分布式。

对于如此庞大的数据，应该使用基于微服务的体系结构来组织，使其可伸缩和可重用。这使得轻松分发应用成为可能，其中每个服务相互独立，并且可以在不干扰其他服务的情况下创建、升级和扩展。

（二）安全性

到 2020 年底，物联网设备达到 300 亿台，但也应该看到不安全的部署、缺乏安全更新和缺乏可见性，这些问题导致物联网每 39 秒就会遭受一次黑客攻击。

每个物联网设备都应该有一个安全的网关终端，并且数据应该具有动态和静态加密功能。传输层和通信层之间应有适当的网络防火墙以确保通信安全。定期进行数据和网络安全审计以识别异常和威胁是绝对必要的。

（三）高可用性

有许多关键的物联网系统，比如在医疗保健领域，停机可能会导致生命损失。为了减少停机，它们需要具有容错体系结构并在高可用性（HA）环境中运行。应在多个位置备份和分发数据，以防止灾难性事件发生时丢失数据。备份解决方案应保证数据的完整性，并且应易于恢复。此外，应该制定故障转移策略，将最终用户的请求重定向到备用状态，并且尽可能无缝。

（四）快速部署

任何物联网解决方案都应该能够快速部署新功能和更新。集中部署模式（如 Kubernetes、Docker Swarm 或 AWS Elastic Container Services）使 DevOps（Development 和 Operations 的组合词，过程、方法与系统的统称）团队能够快速、自动地测试和部署新服务。这使得关键任务物联网解决方案能够轻松保持最新状态，对最终用户形成零影响。

（五）应用程序内的数据访问

物联网设备访问的数据应该存储在更近的位置，以减少网络延迟和成本，并提高安全性。物联网设备应通过安全终端连接以发送和接收数据，并且每一步都应对设备进行身份验证和授权。为了减少争议并优化计算能力，访问数据的物联网平台应尽快处理异常数据。

（六）数据管理

物联网设备会产生海量数据，但并不是所有数据都需要处理。对数据的深入了解有助于过滤不必要的数据，因此最终只能收集和处理相关数据——无须使用大数据，它可以捕获所需的智能数据。

必须全面查看生成的数据，以确保合规性。必须了解相关法律法规，以确定哪些安全措施是强制性的。

（七）设备管理

想象一下，你成功地在全球几个地区部署了 20 000 多个传感器节点和网关。假如过了一段时间后，你收到一条通知，指出网关固件中存在漏洞，并且意识到除非最终用户手动下载补丁程序并自行更新设备，否则无法正常运行。所以应该提前制定一些良好的设备管理计划。

（八）平台监控

每个物联网应用程序都应该具备对可能导致任何类型中断的事件采取预防性措施的能力。它们不仅要会自动报警，还要具备迅速诊断错误，并自动进行修复的能力。

第三节 物联网感知层的实现技术

人类是通过视觉、味觉、嗅觉、听觉和触觉感知外部世界的。而感知层就是物联网的五官和皮肤,用于识别外界物体和采集信息。感知层包括二维码标签和识读器、RFID 标签和读写器、摄像头、全球定位系统(GPS)、传感器、M2M 终端、传感器网关等,主要功能是识别物体、采集信息,与人体结构中皮肤和五官的作用类似(见图 3.2)。

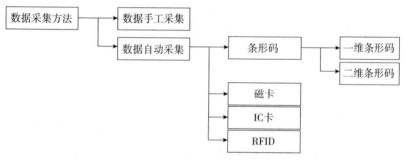

图 3.2 数据采集与自动识别技术分类

感知层解决的是人类世界和物理世界的数据获取问题。它先通过传感器、数码相机等设备,采集外部物理世界的数据,然后通过 RFID、条码、工业现场总线、蓝牙、红外等短距离传输技术传递数据。感知层的关键技术包括检测技术、短距离无线通信技术等。

感知层由基本的感应器件以及感应器组成的网络(如 RFID 网络、传感器网络等)两大部分组成。该层的核心技术包括射频识别技术、新兴传感技术、无线网络组网技术、现场总线控制技术

（FCS）等，涉及的核心产品包括传感器、电子标签、传感器节点、无线路由器、无线网关等。下面我们介绍一些除 RFID 外的感知层常见的关键技术（后文有单独章节介绍 RFID）。

一、传感器技术

传感器是物联网获得信息的主要设备，它最大的作用是帮助人们完成对物品的自动检测和控制。目前，传感器的相关技术已经比较成熟，常见的有温度、湿度、压力、光电传感器等，它们被应用于多个领域，比如地质勘探、智慧农业、医疗诊断、商品质检、交通安全、文物保护、机械工程等。作为一种检测装置，传感器会先感知外界信息，然后将这些信息通过特定规则转换为电信号，最后由传感网传输到计算机上，供人们或人工智能分析和利用。

传感器的物理组成包括敏感元件、转换元件以及电子线路三部分。敏感元件可以直接感受对应的物品，转换元件也叫传感元件，主要作用是将其他形式的数据信号转换为电信号；电子线路作为转换电路，可以调节信号，将电信号转换为可供人和计算机处理、管理的有用电信号。

二、条形码技术

条形码包括一维条形码和二维条形码（2-dimensional bar code，简称二维码）。一维条形码是将宽度不等的多个黑条（或黑块）和空白按照一定的编码规则排列，以表达一组信息的图形标识符。常见的一维条形码是由黑条（简称"条"）和白条（简称"空"）排成的平行线图案（见图 3.3）。

图 3.3　条形码示例

二维码又称二维条码、二维条形码,是一种信息识别技术。二维码通过黑白相间的图形记录信息,这些黑白相间的图形按照特定的规律分布在二维平面上,图形与计算机中的二进制数相对应,人们通过对应的光电识别设备就能将二维码输入计算机进行数据的识别和处理。

二维码有两类,一类是堆叠式/行排式二维码,另一类是矩阵式二维码。堆叠式/行排式二维码与矩阵式二维码在形态上有所不同,前者是由一维码堆叠而成,后者是以矩阵的形式组成。两者虽然在形态上有所不同,但都采用了相同的原理:每一个二维码都有特定的字符集,都用相应宽度的"黑条"和"空白"来代替不同的字符,都有校验码等。

三、智能嵌入技术

嵌入式系统是以应用为中心,以计算机技术为基础,软硬件可裁剪,适用于应用系统对功能、可靠性、成本、体积、功耗有严格要求的专用计算机系统。它一般由嵌入式微处理器、外围硬件设备、嵌入式操作系统以及用户的应用程序等四个部分组成，用于对其他设备进行控制、监视或管理等。目前，大多数嵌入式系统还处于单独应用的阶段，以控制器（MCU）为核心，与一些监测、伺服、指示设备配合实现一定的功能。互联网现已成为社会重要的基础信息设施之一，是信息流通的重要渠道，如果将嵌入式系统连接到互联网上，则可以方便、低廉地将信息传送到世界上的任何一个地方。

第四节 物联网的网络层及应用层详解

物联网是新型信息系统的代名词，它是三方面的组合：一是"物"，即由传感器、射频识别器以及各种执行机构实现数字信息空间与实际事物的关联；二是"网"，即利用互联网将这些物和整个数字信息空间进行互联，以方便广泛应用；三是应用，即以采集和互联作为基础，深入、广泛、自动化地采集大量信息，以实现更智能的应用和服务（见图3.4）。

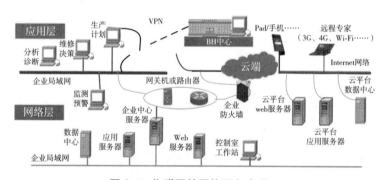

图 3.4 物联网的网络层和应用层

一、物联网的网络层

网络层作为纽带连接着感知层和应用层，它由各种私有网络、互联网、有线和无线通信网等组成，相当于人的神经中枢系统，负责将感知层获取的信息安全、可靠地传输到应用层，然后根据不同的需求进行信息处理。

物联网的网络层包含接入网和传输网，分别具有接入功能和传输功能。传输网由公网与专网组成，典型传输网络包括电信网（固网、移动通信网）、广电网、互联网、电力通信网、专用网（数字集群）。接入网包括光纤接入、无线接入、以太网接入、卫星接入等，实现底层的传感器网络、RFID 网络"最后一公里"的接入。

物联网的网络层基本上综合了已有的全部网络形式，构建了更加广泛的"互联"。每种网络都有自己的特点和应用场景，互相组合才能发挥出最大的作用，因此在实际应用中，信息往往经由一种或几种网络组合进行传输。

由于物联网的网络层承担着巨大的数据量，并且面临更高的服务质量要求，物联网需要对现有网络进行融合和扩展，利用新技术实现更加广泛和高效的互联功能。物联网的网络层自然也成为各种新技术的舞台，如 4G/5G 通信网络、IPv6、Wi-Fi 和 WiMAX（全球微波接入互操作性）、蓝牙、ZigBee（也称紫峰协议，是一种低速短距离传输的无线网上协议）等，后面两种有时也会被归入感知层，前面几种技术较为常见，在此仅介绍蓝牙技术和 ZigBee 技术。

（一）蓝牙技术

蓝牙技术是典型的短距离无线通信技术，在物联网感知层得到了广泛应用，是物联网重要的短距离信息传输技术之一。蓝牙技术既可在移动设备之间配对使用，也可在固定设备之间配对使用，还可在固定和移动设备之间配对使用。该技术将计算机技术与通信技术相结合，解决了在无电线、无电缆的情况下进行短距离信息传输的问题。

蓝牙集合了时分多址、高频跳段等多种先进技术，既能实现点对点的信息交流，又能实现点对多点的信息交流。蓝牙在技术标准化方面已经比较成熟，相关的国际标准也已经出台，例如，其传输频段就采用了国际统一标准 2.4GHz 频段。另外，该频段之外还有间隔为 1MHz 的特殊频段。蓝牙设备在使用不同功率时，通信距离会有所不同，若功率为 0dBm 和 20dBm，对应的通信距离分别为 10 米和 100 米。

（二）ZigBee 技术

ZigBee 指的是 IEEE802.15.4 协议，它与蓝牙技术一样，也是一种短距离无限通信技术。但这种技术的特性介于蓝牙技术和无线标记技术之间，因此，它与蓝牙技术并不等同。

ZigBee 技术传输信息的距离较短、功率较低，因此，日常生活中的一些小型电子设备之间多采用这种低功耗的通信技术。与蓝牙技术相同，ZigBee 技术所采用的公共无线频段也是 2.4GHz，并且也采用了跳频、分组等技术。但可使用 ZigBee 技术的频段只有三个，分别是 2.4GHz（公共无线频段）、868MHz（欧洲使用频段）、915MHz（美国使用频段）。ZigBee 技术的基本速率是 250Kbit/s，低于蓝牙技术，但比蓝牙技术成本低，也更简单。ZigBee 技术的速率与传输距离并不成正比，当传输距离扩大到 134 米时，其速率只有 28Kbit/s，不过，值得一提的是，ZigBee 技术处于该速率时的传输可靠性会变得更高。采用 ZigBee 技术的应用系统可以连接的网络节点较多，可达 254 个。这些特性决定了 ZigBee 技术在一些特定领域比蓝牙技术表现得更好，这些特定领域包括消费精密仪器、消费电子、家居自动化等。然而，ZigBee 技术只能完成短距离、小量级的数据流量传输，因为它的速率较低且通信范围较小。

ZigBee 技术元件可以嵌入多种电子设备，并能实现对这些电子设备的短距离信息传输和自动化控制。

二、物联网的应用层

（一）应用层的主要功能

应用层位于物联网三层结构中的最顶层，其功能为"处理"，即通过云计算平台进行信息处理。应用层与最低端的感知层一起，是物联网的显著特征和核心所在，应用层可以对感知层采集的数据进行计算、处理和知识挖掘，从而实现对物理世界的实时控制、精确管理和科学决策。

物联网应用层的核心功能围绕两个方面：一是"数据"，应用层需要完成数据的管理和数据的处理；二是"应用"，仅仅管理和处理数据还远远不够，必须将这些数据与各行业的应用相结合。例如，在智能电网中的远程电力抄表应用：安置于用户家中的读表器就是感知层中的传感器，这些传感器在收集到用户的用电信息后，通过网络发送并汇总到发电厂的处理器上。该处理器及其对应工作就属于应用层，它将完成对用户用电信息的分析，并自动采取相关措施。

从结构上划分，物联网应用层包括以下三个部分。

（1）物联网中间件：物联网中间件是一种独立的系统软件或服务程序，中间件将各种可以公用的能力统一封装后，提供给物联网应用使用。

（2）物联网应用：物联网应用就是用户直接使用的各种功能，如智能操控、安防、电力抄表、远程医疗、智能农业等。

（3）云计算：云计算可以助力物联网海量数据的存储和分析。依据云计算的服务类型可以分为基础设施即服务（IaaS）、平台即服务（PaaS）、软件即服务（SaaS）。

（二）应用层分层

从物联网三层结构的发展来看，网络层已经非常成熟，感知层的发展也非常迅速，而应用层不管是受重视程度还是实现的技术成果，都曾落后于其他两个层面。但因为应用层可以为用户提供具体服务，是与我们最紧密相关的，因此应用层的未来发展潜力很大。

应用层能提供丰富的基于物联网的应用，是物联网和用户（包括人、组织和其他系统）的接口。它与行业需求结合，实现了物联网的智能应用，也是物联网发展的根本目标。

应用层确定物联网系统的功能、服务要求，是物联网系统构建时确定的任务与目标。应用层也是物联网架构的最终环节。主要是对感知层采集的通过网络层传输到云服务器的数据进行计算、处理和知识挖掘，从而达到对物理世界实时控制、精确管理和科学决策的目的。

从功能上看，应用层大致可以分为以下三层结构。

1. 基础架构

该层提供的是最基本的计算和存储能力，以计算能力为例，具有计算能力的基本单元就是服务器，包括 CPU、内存、存储、操作系统及一些软件。核心技术为自动化和虚拟化，自动化技术可以在用户请求资源的时候自动完成，并在此基础上实现资源的自动调度。虚拟化技术提高了资源的利用效率，降低了使用成本。

2. 平台应用

所有采集到的数据在云平台基础架构的分析计算基础上，会提供封装的 IT 接口，为软件应用提供接口服务，实现物联网的丰富智能应用。基于云平台的基础架构和平台应用是用户接触不到的，目前提供云服务的国内外商家比较多,如亚马逊、谷歌、微软、阿里云、优刻得(UCloud)等。

3. 软件应用

这一层应用是用户和服务商接触最多的,每一个物联网系统都会有一个与用户友好交互的界面。这些交互界面有专用于工业的人机接口(HMI),也有可以在手机、计算机、平板电脑等设备中安装的软件,以供用户查看操作等,既可以实现物联网数据的实时获取,进行分析对比,还可以实现远程控制,管理自己的物联网设备(见图 3.5)。

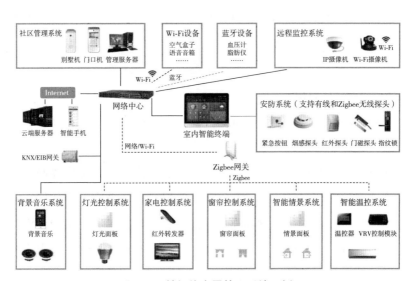

图 3.5 某智能家居管理系统示例

第五节　物联网资产管理系统：基于 RFID 电子标签

一、射频识别技术

射频识别（Radio Frequency Identification，RFID），又称为电子标签技术，该技术是无线非接触式的自动识别技术，可以通过无线电讯号识别特定目标并读写相关数据。它主要为物联网中的各物品建立唯一的身份标识。

物联网中的感知层通常都要建立一个射频识别系统，该识别系统由电子标签、读写器以及中央信息系统三部分组成。其中，电子标签一般安装在物品的表面或者内嵌在物品内层，标签内存储着物品的基本信息，以便于被物联网设备识别；读写器有三个作用，一是读取电子标签中待识别物品的信息，二是修改电子标签中待识别物品的信息，三是将所获取的物品信息传输到中央信息系统中进行处理；中央信息系统的作用是分析和管理读写器从电子标签中读取的数据。

二、RFID 信息标识编码原则

信息标识编码应该遵循唯一性、稳定性、可扩展性、简洁性的原则，确保编码体系的严谨与科学。

（一）标识编码的唯一性

每一类标识对象的每一个个体，只能有全球唯一的 ID 代码，以确保没有相同的个体。编码的唯一性是保证物品在全球标识流通而绝不重复的基本条件，电子产品代码（EPC）为此提供了全球注册的组织保障以及足够的编码空间。

（二）标识编码的稳定性

标识对象一经编码，则必须保持稳定，在该标识对象的生命周期内永不改变。对于一般的实体标识对象，编码赋予的使用周期与其生命周期一致；对于特殊的标识对象，编码赋予的使用周期是永久的。稳定性是唯一的保障，稳定性与唯一性共同构筑了一个严谨的编码体系。

（三）标识编码的可扩展性

可扩展性就是要具有足够的编码冗余，为 RFID 系统应用发展与升级留出足够的编码空间。EPC 编码体系具有巨大的备用编码空间，在启用的编码段中提供了具有不同长度的编码格式，供用户依据自己的需求选择，确保编码方案的可扩展性。

（四）标识编码的简洁性

简洁性就是在不影响编码的可扩展性的前提下，尽可能压缩编码冗余，追求标签信息容量与系统存储应用的最佳化是简洁编码所遵循的基本原则。

在 RFID 系统编码方案的设计中，我们追求的不仅仅是标签能写入多少信息，还有标签容量与系统存储应用的最佳配合。有些 RFID 用户在提出编码需求时，过于依赖标签的容量，其实片面强调标签信息容量也是编码方案的误区。出于对速度、效率与可靠性的最佳化考量，在能够确定唯一身份标识号（ID）代码的前提下，写入标签的信息应该越少越好。在强大的网络系统和数据库系统支持下，只要有唯一的 ID 代码，便可以实现对标识对象的跟踪与信息管理。

三、基于 RFID 电子标签的物联网资产管理系统

（一）系统简介

通信产业的迅猛发展和通信技术的日新月异，以及经济全球化竞争环境的形成，使得改进生产方式、提高运行效率、降低经营成本及改善服务质量等管理工作成为目前各大电信运营商工作的重中之重。通信企业的固定资产具有分布广、数量大、单位价值高和调整频繁等特点，在目前的管理模式下，资产变动信息在传递过程中的人为因素造成了信息失真和滞后，引发了账实无法同步一致、网络部门无法及时进行设备优化调配的问题，致使大量高价值网络类资产闲置浪费，严重影响了财务报告的真实性。

RFID 技术作为物理世界与现有 IT 系统的桥梁，借助通用分组无线业务（GPRS）的无线远程传输功能，可将资产日常管理活动与资产管理系统有效地整合在一起，从而达到实物信息与系统信息的实时同步一致。因此，建立一套基于 RFID 技术的资产管理系统，实现自动管理已成为可能。

（二）系统组成

- 读写器：集 RFID 读写模块、全球移动通信系统（GSM）无线通信模块与读写器电源接口板于一体，实现远端数据的实时自

动采集和无线传输，在读写器工作流程上，通过门控开关控制读写器的工作状态（读写器在门打开时处于读取状态），从而保证了读写器的使用寿命，避免了能源浪费（见图3.6）。

固定式读写器XC-RF867　　固定式读写器XC-RF503-B　　便携式读写器XC-2603　　便携式读写器XC2907-A　　便携式读写器XC2900

图3.6　物联网硬件产品

- 天线：由于资产进出机房时电子标签的方向不确定，为了保证多角度的有效识别，故采用圆极化天线。
- 电子标签：通信行业资产种类繁多、规格不一且大都是金属表面，金属干扰是RFID技术一直以来的应用难点。为解决金属干扰和易于粘贴在各种规格资产上的难题，研究人员专门研发了适用于不同大小规格资产的贴附标签和吊牌标签。通过特殊设计和包装标签内置天线，标签具有较好的抗金属干扰性能。
- 发卡器：为电子标签写入数据，如资产名称、型号、条码号等，并可设定密码，锁定数据区，防止改写电子标签内的数据。
- 手持机：用于资产盘点，可以快速读取设备上的电子标签信息，将读取的标签信息通过内置的GPRS无线通信模块发送至后台服务器。
- 发卡软件：主要用于将数据写入电子标签，内容包括设备的名称、型号、条形码等，在写入数据后能够自动生成报表，并导入地理信息系统（GIS）服务器。
- 基于RFID技术的GIS资产管理辅助系统及RFID中间件平台。

(三)工作流程

资产管理包括资产的新增、调拨、闲置、报废、维修和盘点等操作,它包含了设备从出厂、投入使用到报废的全过程。设备出厂的时候加装电子标签,标签内写入资产的信息,每次进行资产管理操作时,读写器都会读到资产上的电子标签并将信息发送到服务器进行处理,从而实现资产的跟踪管理。

- 资产新增操作:在发卡程序内填写所需的管理设备有关信息(场所名称、资产条形码、型号、名称),将该条记录保存到数据库中。将写有资产信息的电子标签,按规定贴附(或吊附)在资产上。
- 资产调拨操作:准备好要进行调拨的资产,将控制行程开关的门打开,此时读写器处于读标签状态。将带有电子标签的资产取出,走到门外,观察读写器上的声光提示及LED显示屏显示的资产的数量,确认设备上的电子标签能被读到。关好门,此时资产已经调离该基站。将资产带到调拨的目的地,打开门,将资产带入基站内,确认资产上的电子标签能被正确读取。关好门,完成资产的调拨操作。
- 资产维修操作:准备好已经出现故障的设备,将控制行程开关的门打开,使读写器处于读标签状态。将故障设备带出,观察读写器上的数码管显示,确认能正确读到标签。关好基站的门,故障设备即调离基站。将设备带到仓库维修区,按下读写器控制按钮(此时按钮上的指示灯亮),确认所有设备上的标签信息被正确读取后,再次按下读写器控制按钮(按钮上的指示灯灭),此时设备即处于维修状态。
- 资产报废操作:准备好报废的设备,将控制行程开关的门打开，使读写器处于读标签状态。将报废设备带出，确认正确读到标签。关好基站的门，报废设备即调离基站。将设备带到仓库报废区，按下报废区读写器控制按钮，确认设备上的标签信息被正确读取。再次按下读写器控制按钮，即完成设备报废操作。
- 资产盘点操作：按手持机"I/O"开关进行开机。在界面上方，点击打开连接性窗口，点击连接GPRS，启动盘点程序。

（四）系统优点

- 整个系统具有远距离快速识别、高可靠性、高保密性、易操作、易扩展等特点。资产识别系统可独立运行，不依赖于其他系统。
- 建立安全可靠的注册资产档案，通过高新技术加强对资产的监管，合理调配资源，减少资源浪费，防止资产流失。能有效、准确地对进出基站（库）的资产（装有电子标签的资产）的数据信息进行识别、采集、记录、跟踪，保证资产的合理利用。
- 充分考虑了通信公司的实际情况，从专业技术角度研究问题，着实解决资产管理中混乱无序、实时性差的问题。提供一个对进出资产自动识别以及智能管理先进、可靠、适用的数字化平台，使电信运营公司对内部资产实时动态管理的能力得到质的提高。
- 充分利用RFID自动采集和GPRS无线远程传输功能，实现资产变动信息与系统信息的实时一致，并采用短信告警提醒功能，有机地将日常工作与IT系统紧密结合在一起，实现由后台系统对工作流程进行有效、实时的监控和记录，使管理人员在办公室内就可以及时了解到资产的调拨和使用情况。
- 所有资产数据一次性输入，系统根据不同基站及区域RFID读写器采集的数据自动判断资产状态（新增、调拨、闲置、报废等），最终用户通过可视化的GIS操作界面，随时随地通过IE浏览器对资产数据进行统计、查询。

（五）系统实施效益

- 实现了"资产全生命周期管理"和"资产自动管理"：利用RFID技术无线射频自动识别和GSM通信网络无线远程传输功能，实现对资产全生命周期（新增、调拨、闲置、报废、维修等）过程的智能化动态实时跟踪集中监控管理，整个管理过程无须任何人工干预。为企业投资决策、资产合理调配提供了准确的参考数据，有效提高了投资边际效益和资产使用率，减少了无谓的设备投资和闲置浪费。
- 实现资产管理中"人、地、时、物同步管理"：系统将资产日常管理工作有机地嵌入资产管理系统中，实现对资产日常操作流程中涉及的任务、地点、时间、实物等信息进行记录，并引入短信提示告警功能，由系统实现对日常工作的有效监管，减轻了资产日常管理的压力，节约了每年进行资产盘点和无谓调拨投入的大量人力、物力，避免了各种因素造成的资产流失，提高了企业管理效益。
- 真正实现了资产管理工作无纸/址化：系统采用公网IP访问地址，用户可随时随地通过IE浏览器访问系统。
- 该项目的研究成果将为国内制定RFID技术标准起到一定的促进和借鉴作用，另外，RFID技术在资产管理领域的成功应用，也将带动其他领域的大量应用和发展，从而提高企业的社会影响力。

该系统的实施应用，减少了手工记录和信息传递的工作量并彻底消除了差错率，在一定范围内达到了预期的应用效果，得到了通信设备维护人员的一致肯定。

第六节　物联网技术助力集装箱追溯与管理

一、项目概述

（一）项目背景

集装箱是能装载包装或者无包装货进行运输，并便于用机械设备进行装卸搬运的一种组成工具。集装箱最大的成功在于其产品的标准化以及由此建立的一整套运输体系，能够让一个载重几十吨的庞然大物实现标准化，并且以此为基础逐步实现全球范围内的船舶、港口、航线、公路、中转站、桥梁、隧道多式联运的物流系统，堪称人类有史以来创造的伟大奇迹之一。

物流电子锁产品是对货物运输过程进行实时监控的高科技产品，将独有的微机电控制技术与RFID无线通信技术相结合，为集装箱等货物运输提供全程安全保障，适用于集装箱等货物的途中安全监控等。目前，集装箱的箱门是通过电子锁进行控制的，但是电子锁尚未得到有效保护，易损坏。

（二）现状分析

传统的集装箱管理主要依赖人工，在集装箱的运输过程中仅依靠一些人工、半人工的记录方式进行跟踪，集装箱当前所处的地点、状态以及到达的时间等信息都不透明，集装箱丢失、非法开启、货物丢失、延误等情况时有发生，往往会给货主和物流企业带来巨大的损失，也成为集装箱物流发展的瓶颈。

基于 RFID 的集装箱追溯系统，可以实时记录集装箱运输中的箱、货、物流信息，以及监控相关的安全信息，并结合全球网络环境实现对集装箱物流的全程实时在线监控，以提高集装箱物流整个过程的安全度和透明度，提高集装箱物流的生产效率和安全性，从而提升集装箱物流系统的整体水平。

二、系统介绍

（一）系统原理

在集装箱箱体外部和内部，货物均加装了多个有源 RFID 标签，工作可靠性高，信号传送距离远，结合 GPS 技术，能在集装箱状态发生变化时将发生的时间、地点以及周围的环境信息上传到货主或管理人员的管理系统上，实现集装箱的实时跟踪。

RFID 标签分为集装箱标签和货物标签，其作用如下。

采用具有 RFID 铅封作用的标签，其安装在集装箱的门上，当集装箱打开时，RFID 的标签状态将发生变化，并即时将状态信息发送给读写器进行报警通知。

货物标签贴附在集装箱内的货物上，作为货物的 ID 标识。集装箱和货物与电子标签进行 ID 标识，将标签数据信息录入数据中心，对集装箱和货物实行全程实时在线监控，可随时在系统中查询物流信息，合法和非法开箱的时间和地点均能被准确记录并在系统中实时显示，可实时查询集装箱信息、货物信息、装/卸车信息、箱运的信息、查验信息、开/关箱门的时间、地理位置、状态、物流信息等，且能实时地传给远在千里之外的后台管理系统。发货人通过后台管理系统，可以追踪集装箱和货物，及时了解集装箱和货物的方位、状态和安全状况。

（二）系统结构

本系统主要由四个部分组成。首先，在装拆箱的各个点将集装箱信息、货物信息等数据与电子标签进行 ID 标识并录入系统数据中心。其次，在集装箱经过的场所（车船、桥吊、堆场、道口），通过固定或手持的 RFID 读写器进行读写。再次，通过无线通信系统进行信息传输。最后，在信息实时交换系统中进行数据处理和交换，同时通过管理系统提供给用户进行查询监控。

1. 电子标签数据写入系统

电子标签数据写入是整个系统的第一步操作。在装箱点对货物进行 ID 标识，并将集装箱号、货物名称和数量等信息与电子标签一一对应，将信息录入系统。货物装箱完毕后，将集装箱号、货物信息等与集装箱标签对应，贴上电子封条标签。结合 GPS 技术，还可将 GPS 地理信息录入系统。

电子标签数据写入系统的基本配置为集装箱电子标签、货物标签、集装箱电子封条、电子标签读写器、电子标签信息录入设备等。

2. 电子标签自动识别系统

电子标签识别系统是整个应用系统的基础，主要完成集装箱、货物信息的实时采集和自动识别。分布在集装箱运输过程中的各个关键环节和运输车辆上的 RFID 识别系统，利用识别和采集功能将集装箱的位置和状态信息以及货物信息实时发送给信息实时交换系统。

电子标签自动识别系统的基本配置为天线和读写设备，天线和读写设备可安装在通道口、堆场等场所以及运输车辆上和桥吊、门机等设备上，读写器可以实时采集集装箱电子标签和货物标签在车辆运输中的信息，并通过数据接口以有线或无线的传输方式与集装箱管理系统进行数据交换，实现集装箱和货物的自动识别和实时管理。

3. 无线传输通信系统

无线传输通信系统是连接上级和下级的中间桥梁，负责将前端RFID系统采集到的集装箱和货物信息无线传输并无缝接入后台集装箱信息实时交换系统，进行数据的交换和处理，并及时将后台处理结果及指示传递给前台。

RFID系统可以将采集到的集装箱和货物信息通过港口无线局域网上传到后台系统服务器，在运输过程中，结合GPRS技术对集装箱和货物实行全程实时监控，合法和非法开箱的时间和地点均能被准确记录并实时上传给系统服务器，包括集装箱信息、货物信息、查验信息、开/关箱门的时间、地理位置、状态等。

4. 集装箱信息实时交换系统

集装箱信息实时交换系统的主要功能是完成后端对集装箱信息的实时处理和管理，并进行数据和因特网数据的交换，实现起运点到目的点之间的集装箱和货物信息的实时交换以及相关的电子数据交换。

（三）系统工作流程

针对集装箱运输从堆场到港口的特点，从集装箱装箱点装车、运输，拆箱检查点卸车到港口，确定应用集装箱工作流程。主要反映的是集装箱在空间上的转移，空集装箱最初存放在空箱堆场，由拖车运到货主仓库装箱，装箱后，由运输卡车运到始发港，到港前可能需要拆箱检查。

1. 装箱点

读写器对集装箱和货物进行标签 ID 标识，将标签号、集装箱号、货物名称和数量等信息录入系统服务器数据中心，选择 GPS 地理位置，关上箱门并挂上电子封条标签、读写器识别标签，并将状态信息上传至服务器。

2. 运输过程

当挂有电子封条标签的集装箱装满贴有标签的货物后，在运输卡车运往港口的过程中，安装在卡车上的读写器自动读取集装箱电子封条标签和货物标签。在运输过程中主要实现以下功能。

（1）集装箱、货物状态信息实时上传，识别货车内的货物标签，统计货物标签的数量，当货物标签减少或丢失时，读写器将自动报警。

（2）识别集装箱电子封条标签，当集装箱门异常打开或电子封条异常打开时，集装箱电子封条发送打开状态信息，读写器自动报警。

3. 拆箱查验

在拆箱查验点，查验者确认集装箱的安全状态后，授权打开标签，拔出标签上的钢栓开箱门，读写器自动识别标签并将开箱门的时间和地理位置（结合 GPS 定位器）等动态信息主动上传至服务器，物流信息将显示在网页上，查验结束后关上箱门，在授权状态下将钢栓插入标签完成挂标签操作。

4. 到达港口卸车

当装有电子标签的集装箱卸车时，安装在卡车上的固定式读写器将自动读取集装箱标签和货物标签信息，并将集装箱的安全状态和货物的动态信息上传至服务器。若还能识别货物标签则表示货物未卸完，读写器将通知系统继续卸货。

（四）系统功能

该系统的功能主要有集装箱基础信息实时传递和集装箱安全信息实时传递两部分。

1. 集装箱基础信息

集装箱信息：集装箱标签可以实时地将集装箱状态、装卸车信息和箱运信息等动态信息发送给读写器，读写器上传数据信息至服务器，实现集装箱信息的实时传递。

货物信息：货物标签可实时地将货物状态信息发送给读写器，当出现货物丢失和货物不匹配情况时，读写器会自动报警通知，在整个运输过程中，货物信息将会被实时传递。

运输信息：结合 GPS，在集装箱物流链中可实现箱、货和物流整个运输信息的实时传递。

2. 集装箱安全信息

开关箱时间：集装箱标签采用 RFID 铅封技术。当集装箱打开和关闭时，RFID 的标签状态会发生变化，并即时将状态信息发送给读写器，系统可实时获取开关箱时间。

GPS 定位信息：结合 GPS 定位器，可将开关集装箱时的地理位置实时上传至后台系统，便于管理人员监控和查询。

集装箱的温度、湿度等物理信息：集装箱标签可设计温度传感器，实时发送箱体内的温度、湿度等信息，便于管理者监控和查询。

（五）系统特点

基于RFID的集装箱追溯系统具有如下特点：

自动监控集装箱门的开关状态，实现集装箱的自动化监控。

自动跟踪货物信息，跟踪货物状态，避免货物丢失、遗漏或出现错误。

具有识别距离远、可靠性高的特点，适用各种恶劣的工作环境。

可实现集装箱方位、状态和安全状况的实时跟踪。

可大大提高集装箱物流的生产效率和安全性。

（六）部分硬件设备选型

表3.1 通用型集装箱物联网管理系统硬件设备清单

型号	性能	用途
有源标签 NFC-2433 NFC-4332	频率：2 400MHz—2 483MHz 391MHz—464MHz 超低功耗、使用寿命长 空中防冲突性能好，可同时存在500张以上标签； IP68防护等级	货物标签
RFID电子封条	频率：2 400MHz—2 483MHz 391MHz—464MHz 超低功耗、使用寿命长 具有防拆报警特性	集装箱标签

续表

型号	性能	用途
有源 RFID 读写器 NFC-2412 NFC-4311	频率：2 400MHz—2 483MHz 391MHz—464MHz 小巧美观便于安装 可全方向读取标签 优越的防冲突性能 通信距离远，接收灵敏度高 优越的距离可控性 标配多种通信接口，用户可自由选择	识别 RFID 标签
吸盘天线	频率：2 400MHz—2 483MHz 增益：2dBi IP65 防护等级 采用强力磁铁吸附	连接读写器
吸盘天线	频率：391MHz—464MHz 增益：3dBi IP65 防护等级 采用强力磁铁吸附	连接读写器
有源定向读写器 NFC-2421 NFC-4321	频率：2 400MHz—2 483MHz 391MHz—464MHz 一体化封装便于安装 优越的防冲突性能 实现定向远距离读取标签，通信距离远，接收灵敏度高 优越的距离可控性 标配多种通信接口，用户可自由选择	识别 RFID 标签
手持机	频率：2 400Mz—2 483MHz 391MHz—464MHz Wince6.0 操作系统 4 400mAh 电池容量 RFID 或 WSN 模块：可内嵌所有 FD 和 WSN 模块 选配：可根据需要选配 Wi-Fi、蓝牙、GPRS 等通信模块，可选配 GPS 模块	移动式识别和盘点

第七节　农业物联网应用与解决方案

一、项目背景

随着城市的发展，人们对生活水准的要求也越来越高，对食物品质的要求也越来越高。作为世界农业大国，我国农业的发展优势正在慢慢降低，智慧化农业将带来一次新的农业结构改革。农业的根本问题是效率不高、效益不强、效能不够，究其原因在于各生产要素缺乏耦合效应，产业链衔接不紧，农业大系统循环性、协同性不够。这导致了农业发展较为粗放，而这种粗放也与长期以来农业基准数据资源薄弱、数据结构不合理、数据细节程度不够及数据标准化、规范化水平差等原因紧密相连。

物联网技术已越来越多地应用到农业生产中。目前，远程监控系统、无线传感器监测等技术日趋成熟，并逐步应用到了智慧农业生产中，应用领域包括环境和动植物信息检测、温室农业大棚信息检测和标准化生产监控、精农业中的节水灌溉等，提高了农业生产的管理效率，提升了农产品的附加值，加快了智慧农业的建设步伐。

二、现状及痛点

在农业生产过程中，农作物的生长与自然界中的多种因素息息相关，包括大气温度、大气湿度、土壤的温度和湿度、光照强度、二氧化碳浓度、水分及其他养分等。传统农业中，主要依靠人的感知能力获取这些有关农作物生产的信息，存在着极大的不确定性，农业生产管理也就成为一种粗放式管理，达不到精细化管理的要求。

传感器与无线通信网络相结合的全方位环境监测控制系统在设施农业中大受欢迎，并迅速推广开来。针对农业大棚管理的现状及痛点，提出智慧农业物联网的解决方案。

三、方案概述

（一）系统分层架构

1. 设备层

系统设备层主要有数据收集设备与逻辑控制设备，数据收集设备负责系统化集中农业生产过程中的重要数据，包括农作物生长环境数据、农作物自身数据、生产管理人员数据等。设备主要分为六大类。

（1）无线数据传感器，主要收集空气温湿度、光照度、二氧化碳浓度，水体数据，土壤温度、土壤水分、土壤pH酸碱度、土壤肥力等信息。

（2）有线扩展模块，主要是在农业生产过程中相对集中的密集型数据采集环境，通过有线数据采集扩展模块，实现多种方式的数据传感器的组网，用较低的成本采集到较多的样本数据。

（3）无线逻辑控制器，可以对农业生产过程中的可控电气设备进行逻辑控制，如卷帘机、卷膜机、喷淋、滴灌、补光、补二氧化碳施肥机等。

（4）物联网摄像头，可实时视频监控农业生产环节，还可用于防盗，便于管理人员在第一时间了解生产环节的情况。

（5）智能网关，支持窄带物联网（NB-Iot）、GPRS、3G/4G、Wi-Fi、远距离无线电（LoRa）、蓝牙、433MHz、RS485等无线与有线连接，内部集成多种预设逻辑模式，便于现场组网与数据汇总上传。

（6）小型智能气象设备，可以高效收集一定范围内的气象数据，为系统运行提供支撑。

2. 传输层

设备与网关之间、网关与物联网平台之间的数据交换形成网络传输层，包括传感器有线组网、短距离无线组网、物联网专网与公共网络。平台通过预设配置对多重网络以固有规则进行统一规划、集中管控，实现多重网络下的分散与统一。

3. 平台层

平台采用B/S经典架构，同时配合专用App，实现跨平台、跨地域的统一管理。底层设备通过TCP/IP、UDP、HTTP等协议接入管理平台，与平台建立加密通信连接。第三方平台通过API接口实现多平台数据互通。

数据分析：平台提供大数据存储与分析基础架构，为农业生产提供简单高效的基础分析能力。

设备管理：通过平台对生产过程中涉及的硬件设备实施管理。

数据监测：使用B/S结构的软件界面、App应用等，具有权限的用户能够通过上网的设备随时随地了解现场情况。

远程控制：用户既可以远程操控现场设备，又可以通过采集的现场数据根据配置条件、逻辑关系实现设备间的自动控制，最终形成一个大型的自控集合系统。

模拟场景：根据不同的应用场景，可以组合成用户习惯的检测、操作界面。利用 AJAX（Web 数据交互方式）技术，更好地通过数据、动画反映现场状况，并进行远程控制，还可实现视频监测同步显示。

方案策略：预制多种管理方案，可根据各生产环节的需求快速定位预设方案。

消息分发：实现多种形式的消息分发，可以一对一、一对多、多对多。

通知推送：可根据生产环节要求，将报警信息与重要数据通过短信、邮件、微信、App 推送、电话推送、API 通知等方式推送至用户或第三方。

协议兼容：可以通过平台协议配置功能，实现底层设备数据解析、数据格式转换、数据结果逻辑运算等。

权限管理：平台可以自定义不同用户的不同权限，实现同一平台不同的管理方式。

负载均衡：解决大批量设备并发数据请求压力大的问题，通过分布式平台系统处理高并发数据请求。

4.应用层

平台具备系统快速定制功能，用户无须掌握编程技术与物联网技术，根据自身需求便可以实现同一平台搭建不同子系统的需求。例如，农业生产环节中负责农机监控的设备管理系统；用于生产场所管理的项目管理系统、部门管理系统与监控点管理系统；用于自动灌溉、施肥等方面的智慧农业监控系统等。

（二）方案描述

智慧农业物联网解决方案基于 2G/3G/4G/5G/NB-IoT/LoRa 等无

线通信技术，通过智慧的智能采集终端及无线连接设备，搭载相应的传感器，如空气温湿度传感器、二氧化碳浓度传感器等，实时采集空气温湿度、土壤温湿度、二氧化碳浓度以及光照度、pH酸碱度等环境参数，自动开启、关闭或远程控制指定设备。可以根据用户需求，随时进行处理，为实施农业综合生态信息自动监测、对环境进行自动控制和智能化管理提供科学依据。

同时根据不同客户的应用场景，在硬件的基础上连接不同的传感器，可适用于不同的应用，包括农业温室大棚、林业、渔业等。

四、系统组成

智慧农业物联网解决方案是为智慧农业专门设计的管理系统，通过传感器（如空气温湿度传感器、二氧化碳浓度传感器、土壤温湿度传感器、综合气象传感器等装置）进行农业信息采集（见图3.7），利用计算机局域网、2G/3G/4G、ZigBee、LoRa、NB-IoT等无线通信网等，在监测点、监控中心及农业信息中心之间进行信息的传输，实现农业信息采集、传输、处理，形成综合数据库。通过科学、及时和准确的农业调配，达到节能、高产、高效的目的，保证了系统的安全，也为管理农业资源提供了基础、有效的数据，提高了农业的管理水平和生产效率。农业智能信息化监控系统可分为三个部分，分别是前端采集站、数据传输、远程监控中心。

前端采集站：前端设有各种环境信息采集设备及自动控制设备，具有空气温湿度信息监测、土壤信息监测、气象信息监测、视频信息采集等功能，对农业生产过程进行远程管理。

数据传输：数据传输部分使用遥测终端，接收前端采集的数据，同时接收后端传输的指令参数，适时对农业区相应功能做出调整，提高农业区资源利用率。

远程监控中心：通过遥测终端可以同时向多个远程监控中心发送信息，云平台系统负责对采集的数据进行显示、分析，方便监控中心监控农业数据，做到及时修复故障、及时处理数据，有效管控农业区内各项数据。

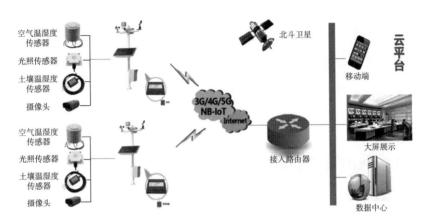

图 3.7　农业智能信息化监控系统组成

五、系统功能

（一）数据实时监测

通过安装于监测点的空气温湿度传感器、土壤温湿度传感器、土壤 pH 传感器、光合有效辐射传感器、二氧化碳浓度传感器等设备实时监测空气的温湿度、二氧化碳浓度、土壤温湿度及 pH 酸碱度等。

（二）数据实时传输

无线数据传输设备通过无线网络将采集到的数据实时传送给监

控中心,保证了数据的及时性和准确性。

(三)智能联动控制

联动控制系统由加热、喷灌、通风、卷帘设备及其配套可编辑逻辑控制器(PLC)及 Wi-Fi 设备服务器组成。当传感器采集的环境数据超出标准值范围时,控制器会自行启动相关硬件设备进行加热、浇水、通风、卷帘加减光照辐射等,精准控制农作物的生长过程。

(四)种植环境可视化

智慧农业信息展示屏由液晶板拼接而成,用于展示农业大棚内各传感器采集的环境数据和现场场景。

六、系统特点

开放式结构:具有良好的扩展性,便于后续系统的升级完善。

GIS 模块:以 GIS 技术为支撑,具有地图查询功能,界面友好,操作灵活。

通信方式灵活:根据现场情况可以灵活选择 2G/3G/4G/5G 或光纤等通信方式。

稳定可靠:采用高性能工业级遥测终端 RTU 设备,系统运行安全稳定。

低功耗设计:支持实时测报、定时测报、唤醒等功能,可最大限度降低系统功耗。

供电方式灵活:可选择市电,市电与太阳能互补,太阳能供电，电池供电。

分级管理：可设置不同级别的管理权限，做到安全有效管理。

七、软件云平台

农业智能信息化管理平台是为农业信息化管理专门设计的，以农业优化配置和调度为主要目标，以数据为核心，实现了农业管理"一张图"。

平台依据标准化和规范化原则、科学性和先进性原则、开放性和扩展性原则、经济性和实用性原则，结合当前先进的人工智能、物联网技术、云服务技术、空间地理信息技术和移动应用技术等进行研发设计。平台涵盖了灌区智能管理涉及的信息采集、农作物管理、防汛抗旱、农作物巡检等应用功能，具有丰富的图形、数据界面和简化的操作方式等优势，贴近农业管理的实际情况，为农业领域智慧化、信息化提供了支撑。

八、方案价值

智慧农业利用互联网、物联网和云计算等现代信息技术成果，改造提升了整个农业产业链，促进农业与第二、第三产业交叉渗透，融合发展，提升了农业竞争力，拓展了农业发展空间。智慧农业是农业发展的必然趋势，大力发展智慧农业对提高我国农业现代化水平、促进农业转型升级、提高经济发展质量和效益有着重要的现实意义。

第四章

数字孪生与数字化镜像

第一节　数字孪生的定义与内涵

一、数字孪生的基础概念

数字孪生这一概念最早由美国密歇根大学教授迈克尔·格里夫斯（Michael Grieves）于 2003 年提出，最初被命名为"信息镜像模型"（Information Mirroring Model），而后不同领域、不同行业的研究机构和学者开展了不同程度的研究，数字孪生的概念逐渐得到完善（见表 4.1）。

表 4.1　不同机构、企业在不同时间对数字孪生定义的理解

机构	对数字孪生定义的理解	时间
美国航空航天局（NASA）	面向系统的、集成的，多物理场、多尺度、概率仿真的模型，通过物理模型、实时传感器数据和历史数据来反映实际状况	2012 年
美国空军（USAF）	系统的虚拟表达，作为实际运行的单个系统实例在整个生命周期中应用的数据、模型和分析工具的集成系统	2013 年
美国国防部（DoD）	数字线程支持的已建系统的多物理场、多尺度和概率集成仿真，通过使用最佳可用模型、传感器更新和输入数据来镜像和预测其对应物理实体全生命期内的活动和性能	2014 年
通用电气（GE）	通过物理机械和分析技术的集成以及资产和过程的软件表达，用于理解、预测和优化性能以改进业务产出	2015 年

续表

机构	对数字孪生定义的理解	时间
美国参数技术（PTC）	由物、链接、数据管理和应用构成的函数，深度参与物联网平台的定义与构建	2015年
国际商业机器公司（IBM）	对物理对象或系统在全生命周期内的虚拟表达，并通过使用实时数据实现理解、学习和推理	2017年
思爱普（SAP）	物理对象或系统的虚拟表达，使用数据、机器学习和物联网来帮助企业优化、创新和提供新服务	2018年
德勤公司（Deloitte）	一种对物理系统、资产或流程的数字仿真技术。通常与物联网技术配套，用于测试仿真系统，由数据科学和机器学习支撑，为现实世界的活动提供优化和洞察	2020年

当前学术界和企业界对数字孪生的定义略有差别，表4.1整理了近年来不同的研究机构对数字孪生定义的理解。综合各个研究机构的观点可以看出，数字孪生需要具备几个要素：真实物理实体、虚拟数字模型、物理实体与虚拟模型之间的信息交互。这也与迈克尔·格里夫斯教授最初提出的数字孪生组成的基本要素类似。

参照不同机构在不同时间对数字孪生定义的理解，将其定义为：数字孪生是指现有或未来物理对象的数字模型，通过实际测量、模拟和数据分析，实时感知、诊断和预测物理对象的状态，通过优化和指令调整物理对象的行为，相关数字模型之间相互学习、自我进化，并在物理对象的生命周期内改善利益相关者的决策。随着相关理论的不断发展，数字孪生也呈现出了新的发展趋势和新的应用需求。在原来数字孪生三要素的基础上，专家提出了数字孪生的五维模型，并对其组成框架和应用准则进行了研究，其五维概念模型结构如图4.1所示。这可以作为一个通用的参考架构，适用于不同的领域及不同的对象。

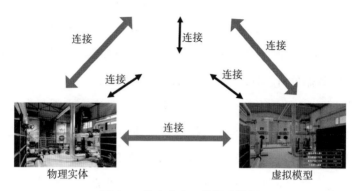

图 4.1　数字孪生五维概念模型

数字孪生五要素为虚拟模型、物理实体、信息连接、孪生数据、服务系统（见图 4.2）。

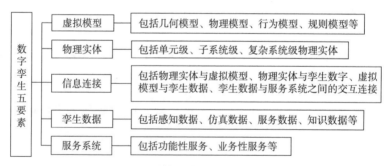

图 4.2　数字孪生五要素构成

应用数字孪生时，首先，应根据应用需求和应用对象对物理实体进行分析，在此基础上构建虚拟数字孪生模型；其次，建立交互连接，实现虚实和服务系统之间的数据交互，利用大数据技术实现孪生数据的融合和分析；最后，为用户提供所需的应用服务系统。数字孪生应用应遵循以下准则："物理实体"是应用载体，整个数字孪生的应用都立足于物理实体，其他各部分构成要素均受制于物理实体，跟随物理实体运行，从而实现数字孪生；"虚拟模型"是各构成要素中最关键的核心，它实时紧跟物理实体，保证构成要素实现各自的功能；"交互连接"是将各构成部分连接成一个有机整体的拓扑网络，在各要素之间实现信息双向交互；"孪生数据"是维持数字孪生系统正常运行的"血液"，驱动整个系统运转；"服务系统"负责计算和应用，提供数据分析工具，帮助使用者决策和判断。

分析数字孪生的定义及构成要素可知，数字孪生就是在虚拟空间中建立能够反映物理实体虚拟模型的建模技术。为了规范数字孪生模型建模过程，我们对数字孪生建模理论体系进行了初步探讨，提出了数字孪生模型"四可四化八用"构建准则，在此基础上，形成了"建—组—融—验—校—管"理论构建体系。

"四可四化八用"的数字孪生模型构建准则注重解决具体问题。在其运行和操作过程中，数字孪生模型应满足"四可"和"四化"的要求，最终以"八用"为实现目标（见图4.3）。

图 4.3　数字孪生模型构建准则

从图 4.3 中可以看出，"四可"即可重构、可融合、可交互、可进化。模型可重构是指数字孪生模型面对动态变化的环境，能够灵活地改变模型自身结构、参数配置以及与其他模型的拓扑关系以满足新应用环境的需求，以"活用"的方式满足复杂系统的灵活性需求；模型可融合是指多种数字孪生模型、数据、应用服务等都能够基于相互之间的关联有效地融合，满足模型整体性需求；模型可交互是指不同模型之间及与其他要素之间能够互相交换信息和指令，实现数字孪生系统各要素的"联用"，满足建模连通性的需求；模型可进化是指数字孪生模型能够随着物理实体的变化对自身功能进行更新、演进，满足智能性的需求。"四化"指数字孪生模型精准化、标准化、轻量化、可视化。模型精准化是指数字孪生模型对物理实体的静态和动态特性的描述和仿真与实际结果一致，满足模型有效性的需求；模型标准化是指数字孪生模型的定义、开发流程、编码策略、计算方法、通信协议、数据接口、模型封装等要统一规范，满足通用性需求；模型轻量化是指模型在几何描述、承载信息、构建逻辑等方面需尽量精简，保证在主要信息无损的情况下，模型精度和使用功能仍能满足使用条件，使模型满足高效性的需求；模型可视化是指数字孪生模型输出结果和决策过程能够以直观、友好的形式呈现给用户或决策者，满足模型直观性的需求。

"建—组—融—验—校—管"数字孪生模型构建理论体系，即包括模型构建、模型组装、模型融合、模型验证、模型校正以及模型管理六个方面的模型构建理论体系（见图4.4）。

模型构建是针对物理实体构建其基本单元模型；模型组装指在空间约束下数字孪生模型从单元级到子系统级，再到复杂系统级的实现过程；模型融合是指多学科、多领域模型之间的融合过程；模型验证是指数字孪生模型在构建、组装和融合后都需要验证模型的精确性和有效性；模型校正是指模型验证后如果不满足建模需求，就要对模型参数进行校正；模型管理是对数字孪生模型及相关信息的存储和管理，并为用户和决策者提供服务。

数字孪生可以构建反映物理实体及其内在规律的虚拟模型，利用传感器或预测模型来感知物理实体的实时状态，在虚拟空间中作用于虚拟模型。数字孪生模型能够预测物理实体的变化趋势，并将这些变化提前传输至物理空间，从而提前选择最优的控制方案作用于物理实体。

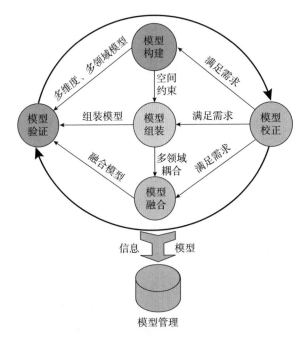

图 4.4 数字孪生模型构建理论体系

二、数字孪生与仿真技术之间的关系

仿真技术是以包含了确定性规律的模型转化成仿真软件的方式来模拟物理世界的一种技术,其目的是依靠正确的模型、完整的信息和环境数据,反映物理世界的特性和参数。传统的仿真技术,如数值仿真、统计仿真、系统仿真、基于精益系统的仿真等,都是以离线的、独立的、特定阶段的方式来模拟物理世界,不具备分析和优化物理实体的功能。

仿真技术可以在虚拟空间建立物理空间实体的模型映射,是创建和运行数字孪生的核心技术,是数字孪生实现数据交互与融合的基础。云计算、物联网、人工智能、大数据等技术的高速发展,极大地推动了仿真技术的发展,使仿真技术和数字孪生的融合成为可能。

数字孪生需要依靠包括仿真、实测、数据分析在内的多种手段对物理实体状态进行感知、诊断和预测，通过对虚拟孪生模型的仿真模拟找到最优解，依据最优解得到的决策由虚拟空间向真实物理空间进行回馈，进而优化物理实体，同时进化自身的数字模型，实现真实物理空间和虚拟数字空间之间的循环迭代。因此，数字孪生需要用到的仿真是高频次、不断迭代演进的，而且贯穿于产品的全生命周期，在此基础上实现数字孪生的保真性、实时性与闭环性的功能。

三、数字孪生与信息物理系统之间的关系

信息物理系统（Cyber Physical System，CPS）的概念最早是由美国科技基金会（NSF）提出的。它是将物理实体感知、网络通信、自动控制以及快速计算等先进技术融合在一起，物理实体和虚拟模型中多元素之间相互映射、协同的复杂系统，系统内资源分配和运转能够实现按需响应、快速运算和动态优化等。近年来，信息物理系统技术也开始应用于能源电力系统，指导模型构建并优化运行过程。信息物理系统的这种针对物理空间和虚拟空间的双向动态映射过程与数字孪生的核心概念非常相似。

从架构上看，CPS 和数字孪生都包括了物理空间、虚拟空间，以及二者之间的数据交互，只是侧重点有所不同。CPS 强调计算系统（Computation）、通信网络（Communication）和物理环境控制（Control）的 3C 功能，侧重于信息和物理世界融合的多对多连接关系，而数字孪生更侧重于虚拟模型。数字孪生在创立之初就明确了以数据、模型为主要元素构建基于模型的系统工程，更适合采用人工智能或大数据技术等进行数据处理任务。相比而言，CPS 像是一个基础理论框架，数字孪生像是基于 CPS 的应用，信息物理系统贯穿于产品全生命周期。没有信息物理系统，数字孪生的应用就无从谈起。

第二节　数字孪生技术的现状及关键技术

一、数字孪生的应用发展现状

近年来，数字孪生技术成为受到关注和重视的工业热门话题，世界权威信息技术咨询公司高德纳（Gartner）连续四年（2016—2019年）将数字孪生列为十大战略性科技发展趋势之一。研究涉及的领域由最初的航天领域逐步向制造业、航海船舶、汽车、智慧城市（Smart City）管理、建筑、铁路运输、医疗卫生、能源电力等领域扩展。数字孪生最早应用于航空航天领域。2010年，美国航空航天局和美国空军实验室利用数字孪生技术，在数字空间建立了一个完全映射的飞行器虚拟模型，并通过传感器技术同步二者的状态，从而对飞行器的运行状态和运行寿命进行实时、准确的预测和评估，以保证系统在整个生命周期内连续、安全运行。利用数字孪生技术可建立天地一体化的知识自动化系统，提出航天控制系统智能化设计、在线分析的技术框架。2018年，我国《河北雄安新区规划纲要》批复解读中，首次提出"数字孪生城市"概念，通过"数字城市与现实城市同步规划、同步建设"来"打造具有深度学习能力、全球领先的数字城市"。

随着数字孪生技术的发展，能源电力工业系统模型日渐复杂，并呈现出大数据趋势，数字孪生技术也开始应用于能源系统。中国科学院的卢强院士提出数字电力系统的概念，便是电力系统数字孪生的雏形。在此基础上，有些学者研究将数字孪生的技术框架应用于电力系统，从多角度分析了电力系统数字孪生产生的背景和目的，根据其建设思路和特点设计了电力系统数字孪生的实施框架，探讨了建设过程中将面临的关键问题和核心技术，明确了数字孪生在电力系统各领域中的应用现状和前景。也有学者利用数字孪生技术构建了电力设备工业互联网平台，重点介绍了基于该平台的设计云、生产云、测试云、知识云以及服务云，并探讨了在电力设备设计、制造和运维管理等场景下的应用。部分企业开始提供基于数字孪生技术的发电机组运维的透视监测、故障预测和状态优化等功能，为电站机组的运维和管理提供了新的解决方案。同时，部分外包公司应用智能电厂和数字孪生的概念，结合智能电厂的发展前景和信息技术的特点，提出了基于数字孪生技术的智能发电厂整体部署框架和部署模式。

综合数字孪生技术在各行业尤其是在能源电力行业的应用现状，可知数字孪生的应用模式主要包括工业精益制造、系统设计规划、智慧能源建设、设备或产品的设计与研发、协同控制和智能运维、故障预警与健康状态管理等。虽然数字孪生技术已经在各行业、各领域有了不同程度的应用，但是其持续发展仍然面临不小的挑战，并且还有许多待突破的关键技术。

二、数字孪生的关键技术

以能源电力领域的火力发电厂复杂系统为例，讲述数字孪生技术发展及应用所需要的一些关键技术。

（一）数字孪生软件平台

构建数字孪生软件平台是数字孪生技术应用的必要条件，利用此平台可将系统仿真、数据管理、大数据处理和分析、仿真实时计算以及数据可视化等融为一体，使虚拟世界能够快速、准确地反映物理实体的状态，并及时指导系统的运行，使系统的控制和优化更加高效。

整个电站系统的数字孪生需要将四面八方的数据集中起来进行管控，因此很难同时保证其可行性、可靠性与可扩展性。而云计算技术融合了分布式文件系统、分布式数据处理系统、分布式数据库等技术，可以提高现有数据挖掘方法对海量数据的处理效率，同时通过优化数据结构、算法结构等可以提高云计算系统的任务执行速度，这也是确保实时性的重要手段。数字孪生平台如何兼顾计算性能和数据传输时延，同时满足实时分析和计算需要的最佳计算框架，是本章重点研究的内容。

（二）数据采集和传输

高精度传感器数据的实时采集和传输能够保证数字孪生系统实时感知物理实体的状态性能和外部边界信息，是数字孪生系统实时监测系统当前状态和预测未来状态的关键。

网络传输设备和网络结构受技术水平的限制，无法满足更高的传输速率，且在实际应用中也应重视网络安全问题。旧有的复杂装备或工业系统，感知能力较弱，距离构建智能体系尚有较大差距，如何构建集传感、数据采集和数据传输一体的低成本体系，是数字孪生技术应用的关键。

（三）复杂系统数字孪生模型建模技术

面对复杂度越来越高的热力系统，传统的建模方法已经很难满足要求，因此，建立高精度的复杂热力系统数字孪生模型是数字孪生技术应用的首要任务。现在数字孪生模型的建立面临着系统复杂、外部环境不确定、不同类型变量在不同的物理场合之间的强耦合作用等问题，建立的数字孪生模型要想准确反映系统的真实特性，需要结合不同物理尺度、不同时间尺度耦合建模来提升模型的精度。多尺度模型可以将不同的时间尺度和不同的物理尺度联系起来，对多种热力系统进行科学模拟。有效解决多尺度建模在物理尺度、时间尺度和模型耦合三个方面面临的难题，有助于建立高精度的数学模型。

（四）大数据处理技术

复杂热力系统设备具有参数众多、数据冗余大、噪声难以避免且种类繁杂等特点，其参数也具有很强的耦合性、非线性和时变性，直接影响着数据的质量，而这些数据是建立数字孪生模型的重要保障。只有消除冗余数据，去除噪声及离散点，提高建模数据的质量，才能保证建模的精度和效率。因此，迫切需要研究高效的大数据处理技术。

孪生数据处理是数字孪生建模过程中的关键环节。处理模式有流处理和批处理两种，如何采用并行化及分布式计算等手段来实现数据分解和参变量分组，将数据和优化算法进行降维，是需要研究的热点问题。如何将大数据分析技术和现代人工智能算法结合，是实现大数据处理及建模的关键。

（五）可视化技术

数字孪生系统的可视化技术被人们视为理解有用信息和进行决策最有效的手段，是构建数字孪生体系的一个重要环节。目前，数据呈爆发式增长，而传统可视化方法难以直接处理，难以及时有效地表述大数据含义和价值。因此，大数据技术对利用可视化方法辅助加强理解数据的需求非常迫切。

三维（3D）及 VR 可视化技术能够以超现实的形式给出系统的制造、运行和维护状态，可以对复杂系统的各个关键子系统的状态进行多尺度监测和评估，将智能监测和分析的结果附加到各子系统和部件上，并将数字分析结果以虚拟映射的方式叠加到所创建的数学模型系统上，同时完美再现物理系统，能够从视觉、听觉和触觉等方面提供沉浸式的虚拟现实体验，实现实时连续的人机交互。要实现 VR 可视化技术在复杂系统中的应用，提供更加真实的 VR 系统体验，一方面需要布置大量高精度传感器来采集数据，提供必要的孪生数据支持；另一方面需要突破 VR 技术的瓶颈。

三、数字孪生发展面临的挑战

数字孪生技术为建模与仿真带来重大的变革，为各行业、各领域的发展带来了前所未有的机遇，但仍然面临很大的挑战，下面以发电厂为例展开叙述。

（一）缺乏认同

电力是一个传统的行业，目前数字孪生技术在发电厂中的应用基本处于起步阶段，能够带来的优势仍然不明显，人们没有意识到数字孪生技术应用的价值。由于其特殊性对成本和收益不敏感，短时间内无法解决收益量化的问题，应用过程中所需要攻克的技术难题仍然不明确，研究和应用之间短期内还有很大的差距。因此，很难得到企业的普遍认同。

（二）数据共享与安全

目前，发电企业的数据大多存储在数据库中，且数据存储格式也不相同，造成了数据查询困难，在运营管理上形成了竖井，不同的部门和团队通常是相互隔离的，实现数据交互和数据共享困难重重，数据共享和数据安全的矛盾亟待解决。在数据传输过程中会出现数据丢失和受网络攻击的情况，而且数据存储的方式可能会带来数据泄露的风险，这势必会限制其使用范围。因此，隐私保护和安全问题是孪生数据应用面临的首要问题。而且，数据获取的难度不仅受限于软硬件方面的技术，还受限于企业的管理机制。

（三）技术复杂性

数字孪生技术的复杂性在物理空间、虚拟空间，以及在数据、模型、交互等各个环节均有所体现。数字孪生在电厂的应用，需要充分结合电厂基本理论、物联网技术、大数据技术和计算机仿真技术等，涉及多个学科。数据采集、系统集成等技术在实现过程中，由于软硬件系统的技术差异、标准差异等问题，造成技术具有复杂性。现阶段，在数字孪生技术落地的过程中，数字孪生模型的构建、多维数据之间的融合、虚拟空间和物理空间之间的交互和协同等都缺乏相应的理论和技术支撑。

（四）国内专业人才的缺乏

从对发电厂复杂的热力系统进行数字建模到最后的应用，不仅需要掌握火力发电厂的相关理论知识，还需要具备足够的计算机专业知识，精通数字孪生技术。当前，各个行业关于数字孪生的软硬件系统大多由欧美等国家或地区的企业提供，核心软件技术由国外人才主导。国内的科研院所和企业尚未制定出长期的数字孪生技术发展战略，并且缺乏相关标准的指导，缺乏数字孪生标准化研究的专业人才。发电厂数字孪生的应用需要统筹规划和获得长效机制的保障，亟须研究数字孪生发电行业应用标准的专业人才。

　　为促进能源向高效、低碳、环保、绿色转型，需要研究开发制定更加综合和适应性更强的智能优化策略，而热力系统数字孪生模型是分析系统特性以及制定控制策略的基础。伴随着大数据技术和智能仿真技术的发展，基于数字孪生技术的研究方法，为解决上述问题创造了条件。

第三节　数字孪生的技术体系——四层架构

一个完整的数字孪生系统应包含四个实体层级（见图4.5）。

一是数据采集与控制实体，主要涵盖测量感知、对象控制、标识技术等，承担孪生体与物理对象之间的上行感知数据的采集和下行控制指令的执行。

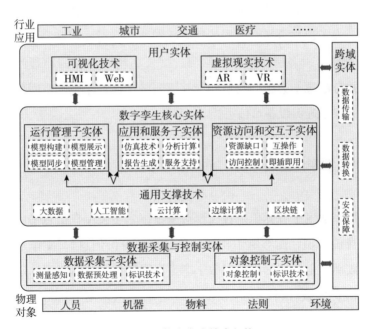

图 4.5　数字孪生技术架构

二是数字孪生核心实体，依托通用支撑技术，实现模型构建与融合、数据集成、仿真分析、系统扩展等功能，是生成孪生体并拓展应用的主要载体。

三是用户实体，以可视化技术和虚拟现实技术为主，承担人机交互的职能。

四是跨域实体，承担各实体层级之间的数据传输和安全保障职能。

一、基础技术：智能感知

感知是数字孪生体系架构中的基础功能，在一个完备的数字孪生系统中，自动获取运行环境和数字孪生组成部件的数据，是实现物理对象与其数字孪生模型间全要素、全业务、全流程精准映射与实时交互的重要一环。因此，数字孪生体系对感知技术提出了更高要求，为了建立全域全时段的物联感知体系，对物理对象运行态势进行多维度、多层次的精准监测，需要更精确可靠的物理测量技术，并考虑感知数据间的协同交互，明确物体在全域的空间位置及唯一标识，确保设备可信可控。

（一）数字孪生全域标识

数字孪生全域标识是各物理对象数字孪生模型在信息平台中的唯一身份标识，能够赋予物理对象数字"身份信息"，支撑孪生映射。数字孪生全域标识可对数字孪生资产数据库快速索引、定位及关联信息加载。目前，主流的物理对象标识采用 Handle、Ecode、OID 等。

（二）智能化技术

智能化传感器是将传感器获取信息的基本功能与专用微处理器

的信息分析、自校准、功耗管理、数据处理等功能紧密结合在一起，具备传统传感器不具备的自动校零、漂移补偿、传感单元过载防护、数采模式转换、数据存储、数据分析等能力，这决定了智能化传感器具备较高的精度、分辨率以及稳定性、可靠性，使其在数字孪生体系中不但可以做数据采集的端口，更可以自发地上报自身信息，构建感知节点的数字孪生。

（三）多传感器集成与融合技术

多传感器集成与融合技术通过部署不同类型的传感器，对对象进行感知，在收集观测目标多个维度的数据后，对这些数据进行特征提取，提取代表观测数据的特征矢量，利用聚类算法、自适应神经网络等模式识别算法，将特征矢量变换成目标属性，并将各传感器关于目标的说明数据按同一目标进行分组、关联，最终利用融合算法将来自各传感器的数据进行合成，得到该目标的一致性解释与描述。

二、关键技术：建模与管理

数字孪生模型的建立以实现业务功能为目标，建模技术最核心的竞争力是工具和模型库。数字孪生模型库与建模工具相辅相成，数字孪生技术的底座和核心与模型构建的理论、方法、工具及模型库，都是数字孪生的核心技术和数字孪生技术应用的有效支撑。

从不同层面的建模来看，可以把模型构建分为几何模型构建、信息模型构建、机理模型构建等，完成不同模型构建后，即可进行模型融合，实现物理实体的统一刻画（见图4.6）。

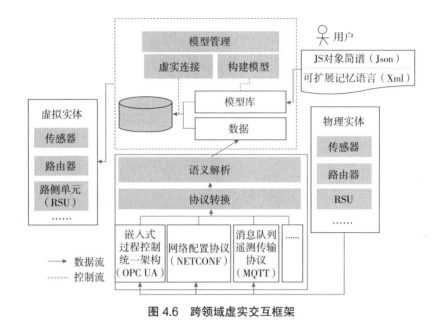

图 4.6 跨领域虚实交互框架

模型实现方法主要研究建模语言和模型开发工具等，关注的是如何从技术上实现数字孪生模型。在模型实现方法上，相关技术方法和工具呈多元化发展趋势。当前，数字孪生建模语言主要有 Modelica、AutomationML、UML、SysML 及 XML 等。一些模型采用的是通用建模工具，如 CAD 等，更多模型的开发是基于专用建模工具，如 FlexSim 和 Qfsm 等。

三、关键技术：数字仿真技术

数字孪生体系中的仿真作为一种在线数字仿真技术，包含了确定性规律和完整机理的模型转化成软件来模拟物理世界。只要模型正确，并拥有了完整的输入信息和环境数据，就可以正确地反映物理世界的特性和参数，验证和确认对物理世界或问题理解的正确性和有效性。

基于数字孪生可对物理对象进行分析、预测、诊断、训练等（即仿真），并将仿真结果反馈给物理对象，从而帮助其进行优化和决策。因此，仿真技术是创建和运行数字孪生体，保证数字孪生体与对应物理实体实现有效闭环的核心技术。

四、关键技术：网络

网络是数字孪生体系架构的基础设施，在数字孪生系统中，网络可以对物理运行环境和数字孪生组成部件的信息交互进行实时传输，是实现物理对象与其数字孪生系统间实时交互、相互影响的前提。网络既可以为数字孪生系统的状态数据提供增强能力的传输基础，满足业务对超低时延、高可靠、精同步、高并发等关键特性的进一步需求，也可以助推物理网络实现高效率创新，有效降低网络传输设施的部署成本并提高运营效率。

伴随物联网技术的兴起，通信模式不断更新，网络承载的业务类型、网络所服务的对象、连接到网络的设备类型等都呈现出多样化的发展趋势，要求网络具有较高灵活性。同时，伴随移动网络深入楼宇、医院、商超、工业园区等场景，物理运行环境对确定性数据传输、广泛的设备信息采集、高速率数据上传、极限数量设备连接等的需求愈加强烈，相应地要求物理运行环境必须打破以前"黑盒"和"盲哑"的状态，让现场设备、机器和系统能够更加透明和智能。因此，数字孪生体系架构需要更加丰富和强大的网络接入技术，以实现物理网络的极简化和智慧化运维。

第四节　谁在用数字孪生以及如何使用数字孪生

工业 4.0 就是运用包括工业物联网在内的最新技术，集制造系统和业务系统为一体的广泛应用，数字孪生是工业 4.0 最强有力的概念之一。在基于模型、实时、云回路监控、控制和优化实现的整个制造和生产过程中，数字孪生为实时集成制造的组织实施提供了帮助。

数字孪生的基本概念是建立一个理想的制造操作运行和处理的虚拟模型。这个模型将是实时而全面表达实际生产状况的基准。最广泛的实现模型包括所有影响生产率和盈利能力的因素，涵盖机器、过程、人力资源、原材料的质量、订单流和经济因素。生产组织可以利用信息的价值来识别和预测问题，使高效的生产得以维系，而所有可能影响生产的问题都能在发生之前被发现和解决。

由于运用了先进的硬件、软件、传感器和系统技术，数字孪生作为一个实际的物理级别的闭环控制的杰出实例就变得可行了。创建数字孪生的关键部分是需要一个完整的信息集合，包括根据建模的要求部署大量的传感器实时采集信息。

3D 设计和虚拟装配等都是数字孪生技术，他们实现的都是物理产品的虚拟模型，也就是在计算机中模拟产品生产过程，以验证设计方案的可行性。结合 3D 计算机辅助设计和模拟软件的技术，从产品的设计到试生产都可以进行和在真实环境中一样的试验，从而保证生产的顺利进行，也降低了产品创新的风险。当设计出现缺陷时，能够在虚拟试验中发现并改进。

一、数字孪生的重要性与日俱增

近年来，人工智能、物联网、大数据、3D打印、增强现实等技术不断突破，推动了各行业的创新发展，而在竞争激烈的环境下，唯有创新才能赢得市场。然而，创新是痛苦的，因为在找到成功方法之前，往往需要经历许多失败。

因此，在研发过程中引入虚拟模型即数字孪生技术，无须进行真实的试验就可以快速发现所有故障，节省了大量的宝贵时间。以虚拟的方式进行产品设计和生产试验，能为工厂节省不少成本。

数字孪生工业应用的一个好处是提升运营效率，以虚实结合的方式，实时监控生产过程，包括设计、生产等环节。数字孪生还可以用于模拟训练，工人上岗之前，在虚拟环境中进行模拟操作训练，就不会让错误影响到真实生产。

此外，数字孪生还可以用于对设备的维护，对工厂里的设施如电机、压缩机等进行数据采集，通过数据侦测发现故障隐患，从而提前维护以减少停机时间。

数字孪生还有一个优势是安全性，例如，在炼油厂、化工厂、天然气工厂和发电站等地方工作充满未知危险，工作中有可能发生火灾、爆炸和气体泄露等事件。数字孪生可以让工作人员了解所有的安全程序，并预测出潜在风险，制订改进方案。

二、工业的数字化转型

目前，拥有数字化工业产品的公司主要有西门子、达索、美国参数技术公司（PTC）、思爱普、贝加莱、艾波比（ABB）、罗克韦尔自动化等企业，这些公司正在积极推动工业的数字化转型，为用户提供全面的数字化生产解决方案。其中，西门子拥有Teamcenter、

NX 和 Tecnomatix 等数字化软件产品，是技术领先的厂商之一。

2021 年，贝加莱把 industrialPhysics 3D 模拟工具集成到 Automation Studio 的工程环境中，其用户可以将 CAD 的数据直接导入仿真工具，快速生成数字孪生模型。而罗克韦尔自动化也收购了一家英国的仿真软件厂商 Emulate3D，该产品可以将 CAD 信息与控制系统逻辑结合，进行数字化仿真测试。

数字孪生的好处越来越多地被制造业认可，被应用于包括飞机、汽车、城市建筑、船舶、轨道交通等领域。对重资产设备厂商来说，数字孪生的意义重大，一个设计上的失误可能会导致整个企业的消亡，而数字化软件可以最大限度地避免这种情况的发生。

数字孪生的应用案例有很多，例如，通用电气使用数字化产品对风电设备状况进行监测，波音和空客利用数字化软件设计和制造飞机，而劳斯莱斯使用数字孪生来生产发动机，起亚和现代汽车正在引入虚拟装配的技术。此外，还有庞巴迪、普惠、雷神和洛克希德·马丁等公司都已经在使用数字孪生。

在数字化技术的支持下，企业可以大胆地进行创新，将一些先进的理念和前沿的技术融入新产品中，而不必担心产品更新的风险。虚拟与现实结合，将加快新项目的落地应用速度，有利于企业推出更有竞争力的产品。

第五节　数字孪生在新型基础测绘领域的应用

随着数字化测绘、物联网、智慧城市等技术发展，数字孪生也延伸到了测绘领域。简单来说，测绘领域的数字孪生是指真实世界进行数字建模，精确还原真实世界，用于分析、仿真、评估。这个模型既可以是三维模型，也可以是点云，甚至是可量测影像。

比如，在智慧城市中，道路两旁的每一棵树在虚拟空间里都有数字模型，当需要对树木进行养护或者移走某棵树时，在系统或平台等虚拟空间里，只需找到树木的数字孪生，即可方便地查看它的形状、所属类别、树高、胸径、树龄、养护情况，从而快速、准确地决策，并制定下一步行动计划。探讨数字孪生技术与新型基础测绘的共通性和特征，探索基于数字孪生技术的新型基础测绘体系，构建新思路和路径，将成为指导新型基础测绘升级转型的一个方向。

一、数字孪生技术特点

学术界定义数字孪生为：以数字化方式创建物理实体的虚拟实体，借助历史数据、实时数据以及算法模型等，模拟、验证、预测、控制物理实体全生命周期的技术手段。总的来看，数字孪生具有以下技术特点。

（1）全要素精细化数字表达：数字模型1∶1还原物理实体，在几何结构上高度仿真、精准映射。

（2）运行状态实时全感知：物理实体的运行情况可以实时地反

映在虚拟实体中。

（3）虚实融合互操作：物理实体与虚拟实体是双向映射关系，两者之间可以双向互动。

（4）模拟仿真和推演预测：通过在虚拟的数字空间进行数据建模、事态拟合，实现特定事件的评估、计算、推演和预测，为方案决策提供依据。

（5）自学习优化：对物理实体的状态数据进行监视、分析推理，优化工艺参数和运行参数，实现自学习优化的闭环。

二、新型基础测绘与数字孪生的共通性

（一）新型基础测绘与数字孪生的融合基础

基础测绘的功能是建立和维护全国统一的测绘基准和测绘系统，进行航天航空影像获取，建立和更新基础地理信息数据库，提供测绘地理信息应用服务等。从本质上看，基础测绘也是将现实物理世界用数字化方式进行表达，并为各行业应用提供信息服务，与数字孪生理念极为相似。不同之处在于，数字孪生关注物理实体数字化至智能化管理的全生命周期，而新型基础测绘侧重于物理世界数字化和支撑智能化应用的能力。因此，利用数字孪生指导新型基础测绘体系建设，可以更好地满足新时代对数字化转型和智慧应用的需求。

从需求角度看，数字孪生城市是数字孪生技术在智慧城市的延伸应用，中国信息通信研究院的报告指出："数字孪生城市是技术演进与需求升级驱动下新型智慧城市建设发展的一种新理念、新途径、新思路。"满足智慧城市建设、社会精细化治理的新需求，是数字孪生城市的建设目标，也是新型基础测绘的工作之一。新型基

础测绘升级转型需要结合数字孪生技术，满足数字孪生城市建设及其他数字孪生应用的需求。

（二）结合数字孪生的新型基础测绘特征分析

新型基础测绘，是在基础地理信息获取上立体化、实时化，在处理上自动化、智能化，在服务上网络化、社会化的信息化测绘体系。结合以上分析，笔者认为新型基础测绘具备以下六大能力。

1. 多手段测绘采集

从建设内容上看，新型基础测绘要求构建陆海空一体的现代化测绘体系，完善覆盖更全面、内容更丰富、分类更具体的基础地理信息数据库等。一方面，需要充分利用更先进的机载、车载、船载、背包式等新型高端测绘设备，通过光学多光谱遥感、高光谱遥感、倾斜摄影、激光雷达、合成孔径雷达干涉测量（InSAR）等测绘技术，获取有效覆盖陆地、海洋、空间和地上地下全空间、全要素的多类型测绘数据，为城市规划、环境监测、森林调查、海底探测等提供支撑。另一方面，需要积极开展泛在测绘，即通过众包的思想，鼓励广大网民对地理信息进行网上更新、标绘以及遮蔽地区模型补建等，弥补地理信息产品因被遮挡而产生的不足。当前测绘地理信息的众包平台有百度、高德等，这些导航公司使用用户的实时大数据进行导航地图的众包生产。

2. 语义化实体三维

新型基础测绘必须充分融合人工智能、大数据、物联网等高新技术，形成新型基础测绘的"ABIS"生产技术体系。从建设手段上看，要按照智能化处理要求，大幅提高数据生产自动化水平，全面提升基础测绘生产作业效率；从建设成果上看，"实景三维中国"要求单体化、结构化、语义化的实体三维数据成果，实现数据分析、挖掘和决策支持，提高基础地理信息产品内在价值，提升地理信息产品应用的广度和深度。

单体化。当前主流的倾斜摄影三维模型，因生产工艺特点，成果数据是基于不规则三角网的表面模型，形成"一张皮粘连"，无法针对单体对象进行操作，更无法赋予单体对象相应的属性，从而限制了三维模型的应用能力。因此，实体三维数据的首要特征即为单体化，具有单体对象操作和分析的能力，也为局部数据增量更新提供了条件。

结构化。结构化是大数据分析的前提条件，想要实现时空大数据和实时大数据的融合与挖掘分析，为城市规划、城市管理等行业提供服务，实体三维数据就必须是结构化的。

语义化。语义化可以将物理世界中多源异构和多模态的空间大数据组织成复杂庞大的数据语义网络，使计算机可以灵活识别语义模型，快速学习数据的深层含义，深度理解真实世界，并从中总结规律、提炼知识、发现价值，构建空间知识图谱，更好地服务各行各业。

3. 多源场景融合

大数据时代下，基于泛在测绘产生的位置大数据，已成为当前感知人类社群活动规律、分析地理国情和构建智慧城市的重要战略资源。为满足以绿色、智能、泛在为特征的发展需求，应对大数据时代的变革，新型测绘地理信息数据需要具有在统一时空框架下与轨迹数据、空间媒体数据、社会经济数据相融合的能力，提升测绘地理信息的价值。其中，轨迹数据是指通过北斗定位系统、GPS定位系统等得到的人员流动数据、车辆运行轨迹数据等；空间媒体数据是指包含位置信息的文本、图像、声音、视频等媒体数据,主要来源于互联网应用和城市监控系统;社会经济数据主要是指包含有地理位置信息的社会和经济统计数据,如人口空间分布、教育资源空间分布、收入统计空间分布等。

4. 模拟仿真计算

在新时代背景下,城市规划、城市更新、应急管理等领域都需要在数字世界实现方案评估、分析和优化方案,以指导现实物理世界的决策。这就要求作为各类经济社会、实时大数据等信息载体的地理信息产品具有支撑模拟仿真计算的能力,可基于语义模型进行分析和模拟,实现仿真计算、动态推演和态势预测。从分析方法上看,现有的测绘地理信息产品需要实现空间分析、时间分析向智能分析的升级。

5. 智能资源调度

基础测绘具有基础性、公益性、权威性等特征,在组织管理体系上必须坚持国家统一规划和分级管理,杜绝重复测绘现象,达到"同一地理实体只测一次"的目标。分级构建地理实体管理服务平台,实现各级单位共建共享。基于地理实体唯一编码体系,实现以实体对象为单位的局部快速更新。

从服务方式上看,新型基础测绘要求坚持以需求力驱动,具备"一库多能、按需组装"的特点。面向不同区域、不同层级、不同行业用户,支持自定义实体范围、实体精度、实体涵盖语义类型等多维筛选条件,快速提取相应的实体数据和信息。同时,支持将提取的实体数据和信息自定义组装为一个或多个场景进行共享,以满足不同的应用需求。

6. 智慧应用支撑

新型基础测绘将面临种类更多、质量更高、应用更广的现实需求，其在经济社会发展中的基础性作用正在不断强化。从行业应用上看，不仅要继续满足基础测绘的传统国土规划、城市建设等方面的需求，在新时代背景下还需要满足自然资源在"两统一"管理、生态环境修复等方面的新需求。从可视化渲染需求上看，针对不同层级、不同行业的管理者，不仅需要传统 GIS 专业级可视化渲染，还需要支撑城市运营管理中心的城市级大屏可视化需求，以及满足跨平台、跨浏览器的可视化渲染需求。

三、基于数字孪生的新型基础测绘解决方案

（一）语义化地理实体自动建模

在语义化三维模型方面，德国 SDI 3D（德国北莱茵河威斯特伐利亚区地理空间数据基础设施三维特别工作组）率先提出并设计了三维空间语义数据交换与存储的格式 CityGML，并在新加坡、法国巴黎等少数地区有所应用。国内学者也做了很多对 CityGML 的改进研究。

部分企业研发的语义化地理实体自动生产工艺，利用倾斜摄影、激光扫描等新型测绘手段，并融合多源异构的现有数据，如 4D 产品、3DS Max 模型、建筑信息模型（BIM）等，实现自动化构建全要素、全空间、语义化的地理实体数据。语义化地理实体数据充分地考虑了模型的几何、拓扑、语义、外观等属性，以及主题分类之间的层次、聚合，对象之间的关系、空间属性等。这些专题信息不仅仅是一种图形交换格式，而且允许将城市三维模型部署到不同应用中分析复杂任务，例如仿真分析、城市数据挖掘等。在生产效

率方面，可以达到每小时自动提取至少3 000栋单体语义模型，并且自动提取屋脊高度、屋顶方向等几十种空间结构信息。同时，也可通过深度学习根据计算机辅助设计（CAD）或非数字化图纸自动化生成的室内三维语义模型。

（二）地理实体数据管理服务平台

地理实体区别于基础地理信息的关键点在于，它可被视为管理对象，能够方便地实现地理信息与社会、经济、自然资源等专题信息的挂接，是各类信息的聚合载体。相较传统基础地理信息数据的按比例尺分级管理的模式，地理实体需要按照实体进行结构化管理，并且要求每个实体具有唯一编码标识。基于实体的组织方式不仅能够对社会、经济等属性信息实现挂接，而且能够实现数据的动态更新和实时维护。

（三）面向应用的数字孪生底座

为更好地给行业用户提供定制化服务，需要构建面向应用的数字孪生底座，建设统一的测绘地理信息数据和服务体系，健全共享应用机制，打造灵活性服务和安全可靠的一体化管理服务平台，形成一个具有较好协同能力和调控能力的有机整体，实现测绘地理信息公共服务能力的全面提升。

数据中台汇聚了二维、三维的基础地理时空数据，CAD、管线、BIM等部件要素数据，传感器实时感知数据以及面向管理应用的各类数据，建立实体、属性及语义关系和空间关系的抽象模型和表达方法，开展自动化数据融合、知识抽取、知识融合和知识推理，形成领域内的知识图谱，构建地理实体数据库。

技术中台面向业务应用和数字孪生构建，融合人工智能、大数据、区块链等新技术基础服务能力，以及场景服务、数据服务、仿真服务等能力，提供了可视化渲染引擎、地理实体服务引擎、模拟仿真计算引擎和IoT管理引擎。其中，可视化渲染引擎提供双渲染引擎融合的可视化渲染技术，实现了"全貌大场景构建—细节层次渲染—实时流媒体"的多层次渲染。地理实体服务引擎通过二维、三维地理信息平台发布地理实体服务、地理场景服务和知识图谱服务，提供数字孪生体全要素数字化和语义化查询、全状态可视化和图谱分析，实现实体关联分析和关系推理。模拟仿真计算引擎通过对接孪生仿真和模拟算法，将地理实体模型的几何结构、语义信息引入仿真计算，通过一体化、并行化的高效时空数据挖掘模型，获取隐藏在时空大数据下的知识。IoT管理引擎支持自定义扩展和动态信息挂接，可根据实际需求扩展业务信息，实现IoT等信息的接入和管理，提高面向超大城市数字孪生应用的服务能力。

业务中台提供应用服务资源池，为现实世界建立空间索引，通过地理实体服务发布，提供基础时空信息服务，对业务数据结构化融合进行再分析，实现数据的一次生产、按需组装发布和共享。建立面向应用的数据与功能服务，为大屏端、桌面端、网页端、移动端、VR/AR设备端等多终端一体化展示应用提供二次开发接口和应用程序接口。

四、新型基础测绘应用实践

（一）新型基础测绘数据的生产

地理实体数据是新型基础测绘体系下的一种新型地理信息产品，通过唯一标识、对象化处理和实体关联融合，解决地理对象所表达的空间语义与现实社会中表达方法差异较大、缺乏全局唯一标识、难以满足快速更新的多源数据关联等多样的社会化服务需求的问题。

（二）国土空间规划业务

国务院机构改革后，测绘工作迎来了全面融入自然资源管理大平台的新机遇，承担了服务自然资源"两统一"职责的新任务，测绘工作成为自然资源管理的重要技术手段。基于数字孪生的新型基础测绘，为国土空间规划业务提供了更多思路。

浙江省嘉善县自然资源和规划局利用数字孪生城市底座平台，建设了嘉善规划管控"一张蓝图"系统。通过整合所有基础空间数据（城市现状三维实景、地形地貌、地质等）、现状数据（人口、土地、房屋、交通、产业等）、规划成果（总规、控规、专项、城市设计、限建要素等）、地下空间数据（地下空间、管廊等）等城乡规划信息资源，形成了内容完善、结构合理、规范高效的现状和规划数据统一服务体系，在数字孪生空间实现合并叠加，解决潜在冲突差异，统一空间边界控制，形成规划管控的"一张蓝图"。并以此为基础进行规划评估、多方协同、动态优化与实施监督，实现执行快速的"假设"分析和虚拟规划，提前布局，推动城乡规划有的放矢地发展。

（三）城市计算和模拟仿真

新型基础测绘数据成果涵盖了城市地上地下、室内室外三维语义数据，是数字孪生城市运行的主要载体，是支撑城市计算和模拟仿真的重要基础。结合模拟仿真模型，进行自然现象、物理力学规律、人群活动、自然灾害的仿真等，为城市规划、管理、应急救援等制定科学决策，促进城市资源公平和快速调配，支撑建立更加高效智能的城市现代化治理体系。

在某汽车综合测试区的建设过程中，利用数字孪生技术体系，通过低空航空摄影测量、实景三维建模、智能识别与分类语义化等技术，实现了快速准确地制作低成本的、可被机器理解的高精度地图，为自动驾驶方案商或汽车厂提供了可靠的、可稳定更新的高精度地图数据支持。

第五章

全方位解析工业互联网

第一节　工业互联网概述：数字化、网络化、智能化

一、工业互联网的基本概念

工业互联网是新一代信息通信技术与工业深度融合的新型基础设施、应用模式和工业生态，通过对人、机、物、系统等的全面连接，构建起覆盖全产业链、全价值链的全新制造和服务体系，为工业乃至产业数字化、网络化、智能化发展提供了实现途径，是第四次工业革命的重要基石。

工业互联网不是互联网在工业的简单应用，而是具有更为丰富的内涵和外延。它以网络为基础、平台为中枢、数据为要素、安全为保障，既是工业数字化、网络化、智能化转型的基础设施，也是互联网、大数据、人工智能与实体经济深度融合的应用模式，同时也是一种新业态、新产业，将重塑企业形态、供应链和产业链。

当前，工业互联网融合应用正向国民经济重点行业广泛拓展，形成了平台化设计、智能化制造、网络化协同、个性化定制、服务化延伸、数字化管理六大新模式，赋能、赋智、赋值作用不断显现，有力地促进了实体经济提质、增效、降本、绿色、安全地发展（见图5.1）。

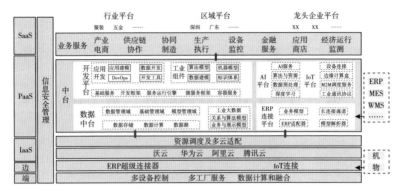

图 5.1　工业互联网结构图

二、数字化、网络化、智能化发展

工业互联网平台是产业互联网的重要组成部分，是基于工业互联网提供制造业数字化、网络化、智能化发展的各类使能要素，是"互联网+先进制造业"所形成的新兴业态。

工业（产业）互联网平台从企业视角实现了企业的机器、物、人的连接与数字化，帮助企业实现了个性化定制、网络化协同、智能化生产、服务化延伸，创新了企业的生产模式、组织模式、商业模式，通过数字化构建了企业的竞争优势。也通过产业互联网平台，整合产业链的各种资源，通过全要素、全产业链、全价值链的连接与融合，促进新产业、新模式、新业态的创新与发展，以数字化提升经济质量。

三、四大体系

工业互联平台需要实体工业、实体经济的有机土壤。工业互联网要连接的是生产要素，需要汇聚大量的生产要素进行智能化处理，其基础就是连接工业设备，也就是物联网。在工业互联网平台中，就是要实现数字化、网络化、智能化。

把工业的人、机、料、法、环全要素的数据汇聚到平台，形成一个"工业大脑"。目标是优化工业资源配置，降低企业成本，提升企业的效率和质量。所以，工业互联网平台是供给侧结构调整的抓手，是两化融合的焊接点，是新旧动能转换的新引擎，也是工业发展的驱动力。简而言之，工业互联网就是通过传感器采集数据，通过工业网关上传、管理数据，通过工业互联网平台存储、分析大数据，再反过来根据需求检测工业设备，甚至控制设备。

工业互联网包含了网络、平台、数据、安全四大体系，既是工业数字化、网络化、智能化转型的基础设施，也是互联网、大数据、人工智能与实体经济深度融合的应用模式，还是一种新业态、新产业，将重塑企业形态、供应链和产业链。

（一）网络体系是基础

工业互联网网络体系包括网络互联、数据互通和标识解析三部分。网络互联实现的是要素之间的数据传输，包括企业外网传输、企业内网传输。典型技术包括传统的工业总线、工业以太网以及创新的时间敏感网络（TSN）、确定性网络、5G等技术。企业外网根据工业高性能、高可靠、高灵活、高安全的网络需求进行建设，用于连接企业各地机构、上下游企业、用户和产品。企业内网用于连接企业内人员、机器、材料、环境、系统，主要包含信息（IT）网络和控制（OT）网络。

当前，内网技术发展呈现出三个特征：IT和OT正走向融合，工业现场总线向工业以太网演进，工业无线技术加速发展。数据互通是通过对数据进行标准化描述和统一建模，实现要素之间的信息传输和相互理解，数据互通涉及数据传输、数据语义语法等不同层面。其中，数据传输典型技术包括嵌入式过程控制统一架构（OPC UA）、消息队列遥测传输（MQTT）、数据分发服务（DDS）等；数据语义语法主要指信息模型，典型技术包括语义字典、自动化标记语言（AutomationML）、仪表标记语言（InstrumentML）等。

标识解析体系实现要素的标记、管理和定位，由标识编码、标识解析系统和标识数据服务组成，通过为物料、机器、产品等物理资源和工序、软件、模型、数据等虚拟资源分配标识编码，实现物理实体和虚拟对象的逻辑定位和信息查询，支撑跨企业、跨地区、跨行业的数据共享共用。我国标识解析体系包括国家顶级节点、国际根节点、二级节点、企业节点和递归节点。国家顶级节点是我国工业互联网标识解析体系的关键枢纽，国际根节点是各类国际解析体系跨境解析的关键节点；二级节点是面向特定行业或者多个行业提供标识解析公共服务的节点；递归节点是通过缓存等技术手段提升整体服务性能、加快解析速率的公共服务节点。

标识解析应用按照载体类型可分为静态标识应用和主动标识应用。静态标识应用以一维码、二维码、射频识别码、近场通信标识（NFC）等作为载体，需要借助扫码枪、手机App等读写终端触发标识解析过程。在芯片、通信模组、终端中嵌入标识，主动通过网络向解析节点发送解析请求。

（二）平台体系是中枢

工业互联网平台体系包括边缘层、IaaS、PaaS和SaaS四个层级，相当于工业互联网的"操作系统"，有四个主要作用。一是数据汇聚，网络层面采集的多源、异构、海量数据传输至工业互联网平台，为深度分析和应用提供基础。二是建模分析，提供大数据、人工智能分析的算法模型和物理、化学等各类仿真工具，结合数字孪生、工业智能等技术，对海量数据挖掘分析，实现数据驱动的科学决策和智能应用。三是知识复用，将工业经验知识转化为平台上的模型库、知识库，并通过工业微服务组件方式，方便二次开发和重复调用，加速共性能力沉淀和普及。四是应用创新，面向研发设计、设备管理、企业运营、资源调度等场景，提供各类工业App、云化软件，帮助企业提质增效。

（三）数据体系是要素

工业互联网数据有三个特性。一是重要性，数据是实现数字化、网络化、智能化的基础，没有数据的采集、流通、汇聚、计算、分析，各类新模式就是无源之水，数字化转型也就成为无本之木。二是专业性，工业互联网数据的价值在于分析利用，分析利用必须依赖行业知识和工业机理。制造业行业众多、千差万别，每个模型、算法背后都需要长期积累和专业队伍，只有深耕细作才能发挥数据价值。三是复杂性，工业互联网运用的数据来源于"研产供销服"各环节，"人机料法环"各要素，企业资源计划（ERP）、制造执行系统（MES）、可编辑逻辑控制器（PLC）等各系统，维度和复杂度远超消费互联网，面临着采集困难、格式各异、分析复杂等挑战。

（四）安全体系是保障

工业互联网安全体系涉及设备、控制、网络、平台、工业App、数据等多方面网络安全问题，其核心任务就是要通过监测预警、应急响应、检测评估、功能测试等手段确保工业互联网健康有序地发展。

与传统互联网安全相比，工业互联网安全具有三大特点。一是涉及范围广，工业互联网拓展了传统工业相对封闭可信的环境，网络攻击可直达生产一线。联网设备的爆发式增长和工业互联网平台的广泛应用，使网络攻击面持续扩大。二是造成影响大，工业互联网涵盖制造业、能源等实体经济领域，一旦发生网络攻击、破坏行为，往往影响严重。三是企业防护基础弱，目前我国广大工业企业安全意识、防护能力仍然薄弱，整体安全保障能力有待进一步提升。

四、与消费互联网的差异

工业互联网与消费互联网相比，有着诸多不同。

一是连接对象不同，消费互联网主要连接的是人，场景相对简单。工业互联网连接人、机、物、系统以及全产业链、全价值链，连接数量远超消费互联网，场景更为复杂。二是技术要求不同，工业互联网直接涉及工业生产，要求传输网络的可靠性更高、安全性更强、时延更低。三是用户属性不同，消费互联网面向大众用户，用户共性需求强，但专业化程度相对较低。工业互联网面向各行各业，必须与各行业的技术、知识、经验、痛点紧密结合。上述特点决定了工业互联网的多元性、专业性、复杂性，也决定了发展工业互联网非一日之功，很难一蹴而就，需要持续发力、久久为功。

第二节　工业互联网典型应用场景

"5G+工业互联网"赋能工业研发设计、生产制造、质量检测、故障运维、物流运输、安全管理等环节,从生产环节突出、经济效益性好、实际操作性强、复制推广性强等方面考虑,遴选出协同研发设计、远程设备操控、设备协同作业、柔性生产制造、现场辅助装配、机器视觉质检、设备故障诊断、厂区智能物流、无人智能巡检、生产现场监测十大典型应用场景,提出具体场景内涵和实施基础条件,具体可以参考工信部发布的《"5G+工业互联网"十个典型应用场景和五个重点行业实践》。

一、协同研发设计

协同研发设计主要包括远程研发实验和异地协同设计两个环节。远程研发实验是指利用 5G 及 AR/VR 技术建设或升级企业研发实验系统,实时采集现场实验画面和实验数据,通过 5G 网络同步传送给分布在不同地域的科研人员;科研人员跨地域在线协同操作,完成实验流程,联合攻关解决问题,加快研发进程。

异地协同设计是指基于 5G、数字孪生、AR/VR 等技术建设协同设计系统,实时生成工业部件、设备、系统、环境等数字模型,通过 5G 网络同步传输设计数据,实现异地设计人员利用洞穴状自动虚拟环境(CAVE)仿真系统、头戴式 5G AR/VR、5G 便携式设备(Pad)等终端,进入沉浸式虚拟环境,实现对 2D/3D 设计图纸的协同修改与完善，提高设计效率。

二、远程设备操控

远程设备操控是指综合利用5G、自动控制、边缘计算等技术，建设或升级设备操控系统，通过在工业设备、摄像头、传感器等数据采集终端上内置5G模组或部署5G网关等设备，实现工业设备与各类数据采集终端的网络化，设备操控员可以通过5G网络远程实时获得生产现场全景高清视频画面及各类终端数据，并通过设备操控系统对现场工业设备进行实时精准操控，有效保证控制指令快速、准确、可靠地被执行。

三、设备协同作业

设备协同作业是指综合利用5G授时定位、人工智能、软件定义网络、网络虚拟化等技术，建设或升级设备协同作业系统，在生产现场的工业设备以及摄像头、传感器等数据采集终端上内置5G模组或部署5G网关，通过5G网络实时采集生产现场的设备运行轨迹、工序完成情况等相关数据，并综合运用统计、规划、模拟仿真等方法，将生产现场的多台设备按需组成一个协同工作体系，对设备间协同工作方式进行优化，根据优化结果对MES、PLC等工业系统和设备下发调度策略等相关指令，实现多个设备的分工合作，减少同时在线的生产设备的数量，提高设备利用效率，降低生产能耗。

四、柔性生产制造

柔性生产制造是指数控机床和其他自动化工艺设备、物料自动储运设备通过内置 5G 模组或部署 5G 网关等接入 5G 网络，实现设备连接无线化，大幅减少网线布放成本、缩短生产线调整时间。结合 5G 网络与多接入边缘计算（MEC）系统，部署柔性生产制造应用，满足工厂在柔性生产制造过程中对实时控制、数据集成与互操作、安全与隐私保护等方面的关键需求，支持生产线根据生产要求进行快速重构，实现同一条生产线根据市场对不同产品的需求进行快速配置优化。同时，柔性生产相关应用可与 ERP、MES、仓储物流管理系统（WMS）等系统相结合，将用户需求、产品信息、设备信息、生产计划等信息进行实时分析、处理，动态制定最优的生产方案。

五、现场辅助装配

现场辅助装配是指现场工作人员通过内置 5G 模组或部署 5G 网关等设备，实现 AR/VR 眼镜、智能手机、Pad 等智能终端的 5G 网络接入，采集现场图像、视频、声音等数据，通过 5G 网络实时传输至现场，辅助装配系统，系统对数据进行分析处理，生成生产辅助信息，通过 5G 网络下发至现场终端，实现操作步骤的增强图像叠加、装配环节的可视化呈现，帮助现场人员装配复杂设备或精细化设备。另外，专家的指导信息、设备操作说明书、图纸、文件等也可以通过 5G 网络实时同步到现场终端，现场装配人员简单培训后即可上岗，有效提升了现场操作人员的装配水平，实现装配过程智能化，提升了装配效率。

六、机器视觉质检

机器视觉质检是指在生产现场部署工业相机或激光扫描仪等质

检终端，通过内嵌 5G 模组或部署 5G 网关等设备，实现工业相机或激光扫描仪的 5G 网络接入，实时拍摄产品的高清图像，通过 5G 网络传输至部署在 MEC 上的专家系统，专家系统基于人工智能算法进行实时分析，对比系统中的规则或模型要求，判断物料或产品是否合格，实现了缺陷实时检测与自动报警，并有效记录瑕疵信息，为质量溯源提供数据基础。同时，专家系统可进一步将数据聚合上传到企业质量检测系统，根据周期数据流完成模型迭代，通过网络实现模型的多生产线共享。

七、设备故障诊断

设备故障诊断是指在现场设备上加装功率传感器、振动传感器和高清摄像头等，通过内置 5G 模组或部署 5G 网关等设备接入 5G 网络，实时采集设备数据，传输到设备故障诊断系统。设备故障诊断系统负责对采集到的设备状态数据、运行数据和现场视频数据进行全周期监测，建立设备故障知识图谱，对发生故障的设备进行诊断和定位，通过数据挖掘技术，对设备运行趋势进行动态智能分析预测，并通过网络对报警信息、诊断信息、预测信息、统计数据信息等进行智能推送。

八、厂区智能物流

厂区智能物流主要包括线边物流和智能仓储。线边物流指从生产线的上游工位到下游工位、从工位到缓冲仓、从集中仓库到线边仓，实现物料的定时、定点、定量配送。智能仓储指通过物联网、云计算和机电一体化等技术共同实现智慧物流，降低仓储成本、提升运营效率、提升仓储管理能力。通过内置 5G 模组或部署 5G 网关等设备可以实现厂区内自动导航车辆（AGV）、自动移动机器人（AMR）、叉车、机械臂和无人仓视觉系统的 5G 网络接入，部署智能物流调度系统，结合"5G MEC+ 超宽带（UWB）"室内高精定位技术，可以实现物流终端控制、商品入库存储、搬运、分拣等作业全流程自动化、智能化。

九、无人智能巡检

无人智能巡检是指通过内置 5G 模组或部署 5G 网关等，接入巡检机器人或无人机等移动化、智能化安防设备，替代巡检人员进行巡逻值守，采集现场视频、语音、图片等各项数据，自动完成检测、巡航以及记录数据、远程告警确认等工作；相关数据通过 5G 网络实时回传至智能巡检系统，智能巡检系统利用图像识别、深度学习等智能技术和算法，综合判断巡检结果，有效提升安全等级、巡检效率及安防效果。

十、生产现场监测

生产现场监测指在工业园区、厂区、车间等现场，通过内置 5G 模组或部署 5G 网关等设备，将各类传感器、摄像头和数据监测终端设备接入 5G 网络，采集环境、人员动作、设备运行等数据，回传至生产现场监测系统，对生产活动进行高精度识别、自定义报警和区域监控，实时提醒异常状态，实现对生产现场的全方位智能化监测和管理，为安全生产管理提供保障。

十一、仓储物流的应用

仓储物流也是劳动密集型业务之一，目前传统工厂充斥着大量的叉车驾驶、手工分拣、库管等人员，从入库分拣、库位管理、上下架、出库分拣到物料运输，仓储类业务劳动强度尤其大，而且容易出错。将计算机视觉用于分拣机器人的感知和地图定位，利用机器学习和深度学习，实现分拣机器人的路径规划和避障。

通过数学规划等运筹优化算法和遗传算法，制订仓库上下架策略，将多智能体算法、蚁群算法用于多个分拣机器人的协调行动。基于人工智能技术实现货架、商品、机器人的整体协调，快速实现产品出入库和高效的仓库货架规划。

在工厂仓储中，各种类型的全自动流水线、自动分拨、仓储和配送机器人已经开始用于实践，人工智能技术可以让每一件物料的运输都有最优路径，并以最短时间送达。

第三节 智能制造、云制造与协同化制造

一、智能制造的意义

(一) 发展智能制造业是实现制造业升级的内在要求

长期以来,我国制造业主要集中在中低端环节,产业附加值低。发展智能制造业已经成为实现我国制造业从低端向高端转变的重要途径。同时,将智能制造这一新兴技术快速应用并推广,通过规模化生产,尽快收回技术研发投入,从而持续推进新一轮的技术创新,推动智能制造技术的进步,实现制造业升级。

(二) 发展智能制造业是重塑制造业新优势的现实需要

当前,我国制造业面临来自发达国家加速重振制造业与发展中国家以更低生产成本承接国际产业转移的"双向挤压"。我国必须加快智能制造技术研发进程,提高自身的产业化水平,以应对传统低成本优势被削弱所带来的挑战。虽然我国智能制造技术已经取得长足进步,但产业化水平依然较低,高端智能制造装备及核心零部件仍然严重依赖进口,发展智能制造业也是加快我国智能制造技术产业化发展的客观需要。此外,发展智能制造业可以应用更节能环保的先进装备和智能优化技术,有助于从根本上解决我国生产制造

过程中的节能减排问题。

(三)发展智能制造业是拓宽产业施政空间的重要抓手

我国已编制完成《智能制造装备产业"十二五"发展规划》,并于2011年设立"智能制造装备创新发展专项",2012年3月又出台了《智能制造科技发展"十二五"专项规划》。分析我国已出台的促进智能制造业发展的规划和政策,可以发现,目前我国的发展重点还是智能制造技术及智能制造装备产业。而智能制造业是将智能制造技术贯穿于产品的设计、生产、管理和服务的制造活动全过程,不仅包括智能制造装备产业,还包括智能制造服务业。因此,要促进智能制造业的发展,应从智能制造技术、智能制造装备、智能制造服务等诸多领域进行规划和政策扶持。

按照当时的规划,基于我国现有的产业基础及技术水平,发展智能制造可分两步走:到2020年,制造业基本数控化,实现重点领域智能制造装备尤其是高端数控机床及工业机器人的产业化与应用;到2030年,制造业全面实现数字化,在制造业的重点领域推进智能制造模式的转变,使我国具有与世界工业发达国家在高端制造领域全面抗衡的能力。

二、智能制造与云制造

以云计算、物联网、虚拟物理融合信息物理系统、虚拟化技术、面向服务的技术(如知识服务、技术服务等)、高性能计算等为代表的先进技术正迅猛发展,并在各个行业得到应用。有专家学者适时提出了"云制造"概念,那"云制造"是什么呢?当MES一体化平台替代了ERP,当更广泛的MES、WMS、APS、SCM满足了工业4.0需求，工业软件未来方向将是云制造。

据了解，云制造作为一种新的生产模式，是将大数据、云计算、互联网、智能制造和物联网等技术运用于工业制造领域并进一步向流通、消费等领域拓展的产物。云制造的实质是运用互联网技术和互联网营销模式促进工业化与信息化深度融合，发展智能制造，促进制造业提档升级，是云制造的重要内涵。智能制造是制造业向高端发展的集中体现，也是云制造的核心内容。

虽然云制造的核心是智能制造，但两者有一定区别。智能制造的概念主要适用于制造领域，而云制造是大制造的概念，它突破了制造业领域，并从制造、销售领域延伸拓展到使用、服务、产品设计等领域。换言之，云制造以互联化、服务化、协同化、个性化、柔性化、社会化为主要特征，其外延比智能制造更宽泛。

三、云制造已走进现实

当智能制造浪潮席卷全球之时，云制造已从概念走进现实。

首先，云制造的主要特点是资源整合、产业融合和定制生产。在资源整合方面，云制造能够将分散的制造资源（如软件、数据、计算、加工、检测等）集中起来，形成逻辑上统一的资源整体，提高了资源的利用率，进而突破了单一资源的能力极限。

其次，云制造能够促进产业融合，特别是促进制造业与服务业融合，进一步拉长产业链。云制造所依托的互联网、物联网、云平台等，有利于企业了解产品的销售和使用情况，了解消费者对产品的满意度；有利于企业根据消费者的意愿和需求对产品的结构、功能等进行调整，并提供及时、到位的服务，从而促进生产与市场、生产与消费有效对接。

最后，云制造能够实现个性化定制生产。传统生产模式是企业根据市场调研结果决定产品的品种和数量，产品通过商业渠道到达消费者手中。电子商务则消除了生产者与消费者之间的沟通障碍、时空障碍、交易障碍，可以用消费者到企业（C2B）模式代替企业到消费者（B2C）模式。在云制造中，企业可以大数据平台为基础、以柔性化生产为依托，根据客户需求进行个性化定制生产。

四、协同制造，助力制造业的先进生产力

（一）优化并且合理配置，提升生产效率

随着消费端日益多样化的需求，单一工厂的发展瓶颈显露，单个有限的力量无法解决生产效率与客户需求之间的矛盾，这成为制造业无法跨越的一道鸿沟。因此，协同制造将是未来工厂的基础技能之一，通过协同合作，为需求方提供优质的产品与服务。

理想中的协同制造超级工厂，将产业链上下游企业聚集在一起，打破单一工厂间的信息孤岛，融合IT、OT、CT等技术，将生产智能化、数据化、信息化，自主研发智能生产系统、智能计价系统、智能拼板系统等多套系统，通过终端数据协调，高效、科学、合理地配置生产资源，帮助更多制造企业向数字化、智能化、信息化转型，同时将协同效益最大化，打造传统制造业转型新生态。

在技术手段的加持下，科学地优化生产，合理配置产能，提升生产效率，降低产能浪费，效率与产能的提升必然会形成价格优势，这也是规模化生产所带来的成本红利。

原料、人员、设备都是生产端重要的成本因素，在协同制造模式下，统一采集原料价格优势随之体现。另外，通过技术手段，部分人力岗位被科技替代，节约了部分人力成本。而且，在协同制造下可以科学地分配订单，工厂不会出现"吃一天饿三天"的现象，避免了

因短期订单增多而投入大量资金购买设备，后期没订单的困境出现。

（二）协同工厂、拼单、甩单

协同工厂订单并不是传统工厂的甩单，当传统工厂自身产能难以支撑订单时，会把多余订单外发。于是，承接这部分订单的工厂因订单暂时增长投入了高昂的成本，当市场萎缩时，增加的机器、人员将闲置，造成资源浪费。

"协同工厂"模式，将日常产能分给协同工厂，这是一个持续性的过程，"授人以鱼不如授人以渔"，不仅要把订单带给协同工厂，还要提供技术、生产的助力。目前，在拼单方面，协同工厂支持自营订单之间、协同订单之间拼单，未来，可实现自营订单与协同订单之间拼单，从而将产能和效率最大化。

在订单分配上，传统工厂以人为主导，商业的逐利性导致哪家价格低就给哪家做，甚至和谁关系好就给谁做，不顾品质、交期、生产要求。而在协同工厂模式下，将通过系统来综合评判工厂的品质、交期、擅长领域，从而精准匹配订单。

（三）协同制造，助力制造业的先进生产力

在协同模式下，优势效应是巨大的，通过协同制造整合资源，取其所长为客户提供更优质的产品与服务，助力工厂强者更强，塑造更多的品类隐形冠军。其独特的赋能方式对传统工厂来说是颠覆性的，这必然会触发某些利益方的神经，但唯有推动产业变革，才能将这块蛋糕做大，实现工厂、客户双赢。

协同工厂是未来制造业发展的焦点，科技是第一生产力，制造业是国民经济的基础，将科技赋能制造业，通过协同制造构建一个

电子产业的全新生态。

　　协同制造超越了传统制造业的常规形态，传统制造业在时代的催化下，必然会促使制造业诞生新的内涵——协同制造，这不仅仅是生产力的释放，更是一次全新的生产革命，相信在协同制造与传统制造的博弈中，落后的生产方式终将被淘汰。

第四节　信息物理系统与智能制造的关系

一、信息物理系统的概念

信息物理系统（CPS）是一个由信息世界（Cyber）和物理实体的世界（Physical）组成的，综合计算、网络和物理环境的多维复杂系统，通过3C（Computing、Communication、Control）技术的有机融合与深度协作，实现大型工程系统的实时感知、动态控制和信息服务。CPS实现了计算、通信与物理系统的一体化设计，可使系统更加可靠、高效、实时协同，具有重要而广泛的应用前景。信息物理系统通过人机交互接口和物理进程进行交互，使网络化空间以远程的、可靠的、实时的、安全的、协作的方式操控物理实体。

表 5.1　CPS 发展脉络表

时间	20世纪80年代	1990年	1994年	2000年	2006年
内容	嵌入式系统	泛在计算	普适计算	环境智能	信息物理系统

CPS概念是从20世纪80年代的嵌入式系统演变而来。经历1990年的泛在计算、1994年的普适计算、2000年的环境智能，直到2006年才发展成为信息物理系统（见表5.1）。CPS概念最早是由美国国家基金委员会在2006年提出的，被认为将成为继计算机、互联网之后世界信息技术的第三次浪潮。当初，CPS主要是指3C的融合。

二、物联网是物理系统和信息系统的纽带

在制造领域，信息世界是指工业软件和管理软件、工业设计、互联网和移动互联网等；物理世界指能源环境、人、工作环境、工厂以及机器设备、原料与产品等。这两者一个属于实体世界，一个属于虚拟世界；一个属于物理世界，一个属于数字世界。使两者实现一一对应和相互映射的是物联网，因其是物联网在工业中的应用，又被称为工业物联网。我们通常将其等同于美国提出的工业互联网（见表 5.2）。

表 5.2 物联网三种不同的叫法

概念	侧重点	本质
工业 4.0	赛博物理网络系统	
"中国制造 2025"	两化融合	智能工厂
工业互联网	人、数据和机器互连	

从本质上说，CPS 和工业互联网（工业物联网）以及我国的"中国制造 2025"并无本质的区别，只是表述的角度不同而已，其根本目的就是智慧制造。

工业物联网是物理系统和信息系统的纽带，也是物理和信息系统实现一一对应和相互映射的关键。

三、CPS 是虚拟数字世界和实体物理世界的融合

实体物理世界和虚拟数字世界，是一个世界的两个方面，一个属阴，一个属阳。

如果没有工业物联网（工业互联网），物理世界和信息世界就是两个完全不同的世界。或者说那个虚拟数字世界根本就不存在，

因为无法感知它的存在。因物联网技术的发展，虚拟数字世界成为我们深切感知的现实。比如，无感的智能停车场、移动支付等。

CPS实现了信息世界与物理现实世界的融合，创造出了一个真正的虚实结合的世界。通过物联网技术实现了物理系统和信息系统的互联，通过传感器、RFID等感知物体，经过物联网网关转化为计算机可以读取的数字，以LPWAN/4GD等数字传输手段汇集到云平台转化为可以利用的数据，实现数字感知，经过算法等智能处理后，再通过网络通信向生产设备传达正确的操作指示。

四、未来智能制造业

在未来的智能制造业中，CPS对自动化、生产技术、汽车、机械工程、能源、运输以及远程医疗等众多工业部门、应用领域具有非常重要的意义。因CPS而实现的许多应用，将产生新的附加价值和业务模式。CPS不仅可以降低实际成本，提高能源、时间等的效率，还能降低二氧化碳排放水平，在保护环境方面发挥重大作用。

因为CPS的存在，智能工厂的生产系统、产品、资源及处理过程都将具有非常高的实时性，同时在资源、成本节约中更具优势。智能工厂将按照可持续性的中心原则来设计，服从性、灵活性、自适应性、学习能力、容错能力甚至风险管理都是其中不可或缺的要素。智能工厂设备的高级自动化，主要是由自动观察生产过程中的CPS生产系统的灵活网络来实现的。通过可实时应对的灵活的生产系统，能够实现生产过程的彻底优化。同时，生产优势不仅仅是在特定生产条件下的一次性体现，还可以实现多家工厂、多个生产单元所形成的世界级网络的最优化。

相较传统制造工业，以智能工厂为代表的未来智能制造业是一种理想的生产系统，能够智能编辑产品特性、成本、物流管理、安全性、信赖性以及可持续性等要素，从而为顾客进行最优化的产品制造。这种"自下而上"型的生产模式革命，不但能节约创新技术、成本与时间，还拥有培育新市场机会的网络容量。

第五节　面向企业应用的智能云工厂解决方案

一、智能工厂解决方案

智能工厂采用基于"有线+无线"信息物理系统的综合解决方案，涵盖终端、网络、云端、数据分析等，智能工厂试验基于支持 NB-IoT 等技术的多模基站，利用 OneNET 物联网开放平台及其软件开发工具包（SDK），建立了端到端的方案框架。区别于传统工厂的物理有线连接方式，智能工厂通过增加宏基站和室内分布，提供稳定、可靠、安全、灵活的移动网络，进行差异互补。

终端部分包含传感器、NB 模块、电池、MCU 等器件，可采集现场生产设备和物料数据，监控生产现场的执行情况，同时上报收集的数据。

二、传统业务面临的挑战

有线连接操作复杂且成本较高。在复杂的工厂环境下，有线连接的布线成本和施工成本较高。有线连接的生产设备的移动会受区域限制，无法实现跨区域的平滑切换。

现有的无线连接性能受限。工业现场中对有移动性需求的设备往往采用无线连接。但当前主流的无线连接存在信号干扰大、上行速率低、并发连接数低、通信时间延长等性能限制。

缺乏精准定位的解决方案。工业企业一般会对企业资产、物料、人员进行定位，但目前能够实现精准定位的技术方案有限且产业链成熟度不足，难以支撑商业上大规模的应用。

企业自建通信方案维护成本高。企业当前大多采用自建自维护的通信模式。这种模式在安全可控方面存在优势，但也面临建设和维护成本较高等挑战。

三、5G 智能工厂解决方案

工业互联网以数据为核心要素实现全面连接，5G 作为突破性的无线连接技术，可以显著降低智能工厂在采集工业数据时布线和施工的成本，而且构筑工业视觉、厂内精准定位、移动性设备管理、工业 AR 辅助等场景时，5G 具有独特优势和业务价值。

（一）5G 工业视觉

华为云提供了基于深度学习的工业视觉解决方案，在面向小样本、多故障、多型号产品的故障检测、个体及交互行为的分析方面有关键突破，识别精度高于 90%，已面向电子制造、光伏、锂电池、钢铁等行业构建了场景化解决方案。

视觉场景。工业视觉的功能主要包括识别、定位、检测、测量，应用场景主要集中在零部件或产品的质量检测、无序分拣、上下料、拆垛码垛、涂胶等工艺环节。工业视觉可以有效提升检测的覆盖率，提升良品率，降低人力成本和质检员劳动强度。

视觉 AI。传统工业视觉在电子制造和汽车行业已有广泛应用，但也存在模型固化难更改、特征提取依赖人工等问题。在传统机器视觉的基础上引入深度学习，结合开放式业务架构，可优化上述问题。

实时响应。依托 5G 网络，可灵活布放和移动视觉前端装置，也能够支撑视频数据流的上传。同时，将 5G 低时延、流量本地卸载与边缘计算相结合，可以满足对业务处理要求高的场景的需求。

（二）5G 厂内物流

5G 可构建连接工厂内外的以人和机器为中心的全方位信息生态系统，使资产、物料、人员都能得到实时、精准的监控，支撑企业实现全流程的可视化和优化解决方案。

全要素感知 5G 网络契合传统自动引导运输车（AGV）企业机器人转型升级对无线网络的需求，能满足生产环境中机器人互联和实时交互。利用 5G 网络连接机器人，并进一步打通设计、采购、仓储、物流等环节，使生产更加扁平化、可定制化、智能化。

5G 网络进入工厂，在减少机器与机器之间的线缆成本的同时，利用高可靠性网络的连续覆盖，使机器人的活动区域不受限制，可以按需到达各个地点，在各种场景中进行不间断工作，并实现工作内容的平滑切换。

（三）5G AR 辅助作业

5G AR 辅助作业，可将企业中熟练工人的既有经验和技能固化下来，作为行动准则和模板，通过智能设备的环境感知和对象识别技术，将最佳工作实践通过辅助方式呈现给员工。AR 辅助的主要场景包括员工培训、野外装配指导、远程辅助巡检。

沉淀经验。智能工厂的构想对车间工作人员有更高的要求。AR 辅助的作业指导主要解决在智能化生产流程中依然需要的大量人工与日益增长的人力成本之间的矛盾。

云化传输。基于 5G 网络可以实现 AR 内容的云化传输,超低时延交互,降低对 AR 头显的硬件要求,使佩戴更为舒适。

高性能并发。5G 网络能够为工厂内人员密集的区域提供并发性能支撑。

第六章

元宇宙在产业中的应用

第一节　罗布乐思：元宇宙概念的开创者和领军企业

一、罗布乐思：元宇宙第一股

罗布乐思是一款兼容虚拟世界、休闲游戏和自建内容的游戏，也是一个集游戏创作和大型社区互动于一体的平台。罗布乐思与其他游戏公司最大的不同是，公司不从事制作游戏的业务而是提供工具和平台，供开发者自由想象创作沉浸式的3D游戏。游戏中的大多数作品是用户自行创作的，罗布乐思玩家可以在游戏中与朋友聊天、互动以及创作。从FPS、RPG到竞速、解谜，全由玩家操控这些圆柱和方块形状组成的小人们参与和完成。在游戏中，玩家还可以开发各种形式的游戏。

2021年3月，全球最大的互动社区之一、大型多人游戏创作平台罗布乐思在纽约证券交易所上市，在其招股说明书中提到了元宇宙："有些人将我们的类别称为'元宇宙'，该术语通常用于描述虚拟世界中的持久性，共享的3D虚拟空间的概念。随着功能越来越强大的消费者计算设备、云计算和高带宽互联网连接的实现，元宇宙的概念正在逐渐成为现实。"因此，罗布乐思也被称为"元宇宙概念开创者""元宇宙第一股"。随后，国内外互联网巨头如Meta、腾讯、字节跳动、百度等纷纷入场。

二、罗布乐思的诞生和发展

（一）罗布乐思的诞生

罗布乐思的"前身"并不是做游戏的，它起源于1989年由巴斯祖奇创立的一家教育科技初创公司——知识革命（Knowledge Revolution）。通过一个基于模拟程序的二维实验室，为学生和老师提供一种更为便捷直观的教学模式，使他们可以用虚拟滑轮、斜坡、杠杆等来模拟物理问题。巴斯祖奇希望在计算机世界里建立第一个完全使用动画制作的物理实验室。

巴斯祖奇的软件进入社区一段时间后，他又有了新的发现，学生们除了模拟教科书中的物理问题，还使用该程序建造了更多有意思的东西，比如模拟汽车碰撞或是建筑物倒塌等。这些远比书上学到的知识更丰富有趣，因此，巴斯祖奇认为"玩家自己的创造力比书籍中的内容更具吸引力"。

他看到孩子们在利用软件进行创造时，眼睛是发光的。这一幕触动了巴斯祖奇，使他明白了他想要做什么。

随后，在1998年，巴斯祖奇创立的Knowledge Revolution被一家工程软件公司MSC以2 000万美元的价格收购，巴斯祖奇在MSC公司当了一段时间的高管后，又开始了他的创业之路。在这期间，巴斯祖奇还成立过一家天使投资公司，在科技领域进行投资。直到2004年，巴斯祖奇再次开始了创业，而这一次，他与Knowledge Revolution的工程副总裁艾瑞克·卡塞尔（Erik Cassel）一起，构建了他之前一直想要做的东西。罗布乐思就此诞生。

"Roblox"，是一个由机器人（Robots）和方块（Blocks）合并而来的新词。它不仅是一款游戏，还是一个社区、一个平台，用户既可以是玩家，玩别人开发的游戏，也可以是创作者，在社区中自己开发游戏给别人玩。用巴斯祖奇的话来说："罗布乐思是一个 3D 社交平台，你和你的朋友可以在其中假装身处不同的地方。你可以假装在参加时装秀，或者假装在龙卷风中生存，或者想去比萨店工作，或者把自己想象成是一只鸟，靠捕虫生存。就像我小时候，我会出去玩海盗游戏。在罗布乐思上，人们在社区创建的 3D 环境中玩耍。"

正如巴斯祖奇在接受《福布斯》杂志的采访中曾说过的，建立罗布乐思的初衷，是希望建立一个想象力的终极平台。透过建筑玩具，巴斯祖奇看到了 3D 渲染的发展方向。在云中创建一个身临其境的 3D 多人游戏平台，让人们可以一起想象、创造和分享他们的体验。

（二）罗布乐思的发展

罗布乐思的联合创始人兼首席执行官巴斯祖奇从来没有将罗布乐思界定为一款游戏。他只是想聚集一类新的人一起做事。罗布乐思可以是社交网络，可以是游戏，还可以是拥有无限创造的应用。巴斯祖奇希望鼓励创造力，致力于打造更好的可以由自我指导的方式进行玩耍、探索、社交、创造和学习的平台。

在罗布乐思诞生不久，巴斯祖奇和卡塞尔就发布了 Roblox Studio，让用户可以更加轻松地创建游戏和模拟应用程序。基于 Lua 编程语言的 Roblox Studio 提供了一套适用性非常广泛的创作游戏的工具集，允许个人创作者和开发者构建、发布和操作 3D 体验，然后在客户端销售和分发给用户。用户可以通过一次性购买"游戏通行证"或者多次购买"开发者产品"来使用 Roblox Studio。

然而，没有一帆风顺的航海，也没有毫无坎坷的路。正如大部分产品在初期往往都是由热心的种子用户细心呵护成长的那样，最早的罗布乐思功能很少，画面也非常差，好在受众够多，一直有创作者在不断地讨论和分享，良好的氛围也渐渐地吸引了更多的参与者。经过几年的打磨，罗布乐思在尝试了各种商业模式后，最终选择引入虚拟货币"罗布乐思"，可以进行商店消费或会员购买，获得专属功能或道具等。有了商业模式的雏形，罗布乐思也获得了一些成就，并在 2009 年获得第一笔融资。

随着用户数量的增加，罗布乐思也不断地对游戏编辑器进行升级迭代，在新增更多有创意的功能的同时，大幅提升了用户和创作者的体验感，使其变得简单易用，即使是儿童也能零基础上手创造一款游戏。它降低了创造门槛，很快便吸引了更多用户参与创作。为了更好地激励创作者，罗布乐思于 2011 年 12 月举办了第一个黑客周（Hack Week），使开发者为期一年致力于打造新的创造性功能的工作，后来逐渐演变成了一年一次为期三天的固定工作活动。

另外，随着智能手机的爆发，移动端逐渐开始与 PC 端分庭抗礼，罗布乐思的 iOS 版本也于 2012 年上线，当年达到月活跃用户 700 万人，成为当时最受欢迎的儿童娱乐平台之一。

（三）华丽转身

然而，真正让罗布乐思晋升为月活跃上亿用户的巨大平台的推动力，还是源自罗布乐思在 2013 年推出的创作者交易计划。

创作者交易计划允许创作者获得他们作品收入的一部分，创作者可以自行设计他们游戏中的经济模式和付费内容，用户在他们作品中消费 Robux，创作者便能获得其中的一部分 Robux，而 Robux 可以直接兑换成现金。

这意味着，创作者不用再无偿地"靠爱发电"，除了凭兴趣和热情来创作游戏，还能真实地从游戏中获得收入。这使得许多年轻创作者通过罗布乐思获得了人生中的第一桶金。

2016 年，《福布斯》估计，Alex Binello 凭借在罗布乐思平台上开发 MeepCity 已获得了上百万美元的收入。而这位 23 岁的游戏开发者竟然从来没有上过一堂计算机编程课。Alex Binello 在接受媒体采访时说道："罗布乐思是我生命的一部分，我感觉有点像是被它养大的。"Alex Binello 的成就和创作者交易计划密切相关。

有了实际的资金激励，创作者的热情再也挡不住了，参与创作的人数也连年增加，在短短几年时间里，罗布乐思就有了几百万名创作者和上千万个游戏作品。

罗布乐思的创作者交易计划鼓励开发者的创造力，乐于扶持开始崭露头角的程序员，2017 年，罗布乐思支付给开发者近 4 000 万美元。而随着人气游戏中的角色玩具化，游戏开发者还可以获得额外的版税。

与此同时，罗布乐思还在积极进行更多的尝试，带给用户更多的体验。2016 年 4 月 16 日，罗布乐思宣布将登录 Oculus Rift 平台，用户可以在平台上设计自己的 VR 游戏世界。他们还打造了一个带薪实习项目作为年轻开发者的孵化器，教授开发者项目管理技巧并敦促他们为自己的项目负责。

（四）成功上市

罗布乐思的上市之路也几经坎坷。在罗布乐思营收、月活跃用户数均呈爆炸式增长的情况下，成立 14 年的罗布乐思依旧处于亏损的状态。招股说明书显示，2018 年同期净亏损 9 718 万美元；2019 年，公司净亏损 8 598 万美元；2020 年前三季度，公司净亏损 2.03 亿美元，较 2019 年同期 4 630 万美元的净亏损额扩大了 338%，亏损额在季度间波动幅度较大，且年度间呈扩大趋势。

实际上，开发者在罗布乐思上能分到 24.5% 的收入，而这一成本远远超过了基础设施和安全成本。也就是说，从某种角度来看，罗布乐思的开发者越多，亏损就越多。然而罗布乐思众多付费游戏、Robux、广告、预付费点卡，以及良好的社区氛围似乎让亏损变得有些"瑕不掩瑜"。

目前，Roblox 已成为全球最大的游戏用户原创内容（UCG）平台，并且支持 iOS、Android、PC、Mac、Xbox 以及 SteamVR，未来有望打通 Nintendo Switch、PlayStation 和 Oculus Quest 2。

终于，罗布乐思在 2019 年获得了 1.5 亿美元 G 轮融资，在 2021 年 1 月获得 5.2 亿 G 轮融资之后，于 3 月 10 日成功在纽约证券交易所上市，首日收盘上涨 54.4%，并在短短的时间内市值飙升到了 400 亿美元。

三、罗布乐思提出的元宇宙八大元素

（一）如何定义和看待元宇宙

罗布乐思在招股书中提到了"元宇宙"的概念，并进行了较详细的介绍，让大家对下一代互联网的形态有了更多的憧憬和预测，并掀起了"元宇宙"的热潮。众多科技和互联网公司都意识到了元宇宙概念的巨大潜力，像英佩游戏、Meta、英伟达等知名企业竞相入局，而在资本市场，与元宇宙概念沾边的许多上市公司也在向元宇宙靠拢，并且获得了不小的红利。

"元宇宙第一股"——罗布乐思公司给出了元宇宙的八大要素：身份、社交、沉浸感、低延迟、多元化、随地、经济系统、文明。

身份：我们将拥有一个全新的、任意的虚拟身份，且与现实身份无关。在元宇宙，你将拥有一个全新的、任意的虚拟身份。每位用户都将以"数字人"的身份进入虚拟世界，你可以是任何人，甚至可以和某国总统成为朋友。

社交：我们可以交朋友，无论对方是真人还是 AI；我们可以畅聊，无论对方是来自天南海北的陌生人，还是身边的老友。互联网时代的社交如使用 QQ、微信交流已经成为生活常态，但这只不过是"虚拟社交"。元宇宙社交与虚拟社交的区别就在于社交形式的改变。在元宇宙社交中，我们可以借用全息虚拟影像技术模拟现实情景，每个人都有唯一、独立的身份。相比虚拟社交，元宇宙的社交性和真实感更突出。

沉浸感：当我们进入元宇宙世界时，我们可以沉浸在其中，忽略外界。元宇宙需要沉浸感，也就是对现实世界的替代性。VR、AR 等高科技设备就是我们打开元宇宙大门的钥匙。但如果简单地认为元宇宙就是 VR、AR 背后呈现的虚拟世界，就过于片面了。目前，VR、AR 虚拟游戏屡见不鲜，元宇宙又凭什么青出于蓝呢？真实的元宇宙世界强调沉浸式体验，力图打破虚拟与现实的屏障，混合现实。要提高用户的沉浸式体验，就需要考虑到用户的视觉、听觉和触觉。视觉与听觉问题，VR 和耳机已经可以很好地解决。对于触觉，Meta 公司公布了一款专为元宇宙研发的气动触觉手套。手套上搭载着大量的追踪和反馈部件，用来模拟在虚拟世界中交互时的物体触感。用户在虚拟世界中除了拥有听觉和视觉，还拥有了第三种感知。如果说 VR、AR 是我们打开元宇宙大门的钥匙，那么沉浸感就是元宇宙打破现实与虚拟次元壁的关键。

低延迟：元宇宙需要在整个空间范围内进行时间统一，不能让人感觉到延迟。元宇宙要求高同步、低延迟，从而使用户获得实时、流畅的完美体验。根据独立第三方网络测试机构 Open Signal 的测试数据，4GLTE 的端到端时延可达 98 毫秒，满足视频会议、线上课堂等场景的互动需求，但目前看来还远不能满足元宇宙对于低时延的严苛要求。5G 技术近两年开始进入高速发展期，而这项技术正好解决了低延时的问题。随着技术的高速发展，相信在不久的将来我们就能感受到元宇宙低延迟带来的真实感。

多元化：在元宇宙中，我们将体验丰富多彩的内容和世界。元宇宙有一个不容忽视的概念：UGC。UGC概念在罗布乐思平台已经有所体现。罗布乐思融入了UGC概念，玩家可在游戏平台进行在线创作。用户既是玩家，也是创作者。通过玩家的自主创作，罗布乐思内部衍生出了无数个游戏世界。元宇宙的形成亦是如此，玩家的创造力是元宇宙多元化发展的不竭动力。

随地：没有空间限制，我们可以随时随地进入元宇宙。这一要素要求人类在未来能摆脱时空限制，实现随时随地进入元宇宙的愿景。然而，目前VR、AR、触觉手套等让我们获得沉浸体验感的设备还不适合随身携带，元宇宙也尚未形成完整的世界观。要使元宇宙真正进入日常生活，人类还有很长的路要走。

经济系统：元宇宙应该拥有比现有的大型多人在线游戏（MMO）更为完善的经济系统，自成一系。元宇宙想要成为独立于现实世界的虚拟数字世界，就需要同现实世界一样具有独立的经济系统，每个人都将拥有属于自己的虚拟数字资产。元宇宙的数字资产不同于一般游戏世界的装备、皮肤和金币，数字资产不仅适用于某一个游戏世界，还能在元宇宙世界里流通，同时可以兑换为现实货币。这种独立的经济系统打破了现实世界与数字世界的次元壁。目前，炒得火热的NFT就被看作元宇宙的虚拟数字资产之一。

文明：成熟的元宇宙应当发展出自身独特的文明，并给予人们启示。从新技术的创新和应用开始，构建相匹配的新金融体系，并孕育新的商业模式，从而跨越鸿沟、实现普及，进一步催生新的组织形态，推动制定新的规则，进而形成新的经济体系，最终引领社会走向新的文明形态。人类文明已经是古老的存在，而数字文明还在飞速地发展。人类什么时候能构筑起元宇宙的文明，什么时候就能跻身真正的"元宇宙时代"。

（二）未来才能实现的元宇宙

为何目前没办法创造真正的元宇宙？因为我们的技术发展还未达到要求。

沉浸感与低延时。现有的顶级游戏已经可以满足身份和社交两条要素。目前，在 5G 网络内使用 VR/AR 时，设备和程序距离给人以完美体验（16K 以上的 720°高清影像、180Hz 以上的刷新率、5 毫秒以下的延时）还有很大差距。VR、AR、5G 技术都是近两年才进入发展期，而这三项技术正好对应了沉浸感和低延时。随着技术的高速发展，相信在不久的将来就能全面应用到元宇宙之中了。

多元化。这其实属于内容创作，目前最先进的游戏在这方面已经有了很多惊人的创举。它们打造了一个个逼真却又风格迥异的世界，所欠缺的只是如何把一个个世界连接起来，组成一个连通的宇宙。而一旦技术发展到位，将这些世界连接起来形成多元化的元宇宙就是一件轻而易举的事了。就像开发 App 一样，多元化依赖于生态。一旦生态成熟了，又有市场驱动，就会有大量的内容创作者加入，并且生产内容，即制作元宇宙里面的元素，包括玩法、道具、角色、场景等。

随地。这是一个基础设施建设问题，就像现在推广电动汽车，首先就需要大面积建立充电桩，这是一个相对容易解决的问题。随地，一方面取决于数字基础设施，另一方面取决于接入手段，也就是终端设备。便宜且好用的接入终端，可以方便用户随时随地接入元宇宙。当然了，用户还需要有充足的时间（在现实世界中）。

经济系统。游戏所拥有的经济系统都比较简单，而且是封闭在一款游戏内流通的，随后的 The Sandbox、Axie Infinity 引入加密数字货币，取得了巨大的成功。目前，我们的现实经济正在逐步数字化。现实的经济系统无缝接入元宇宙，也会形成经济系统。在我国，加密数字货币违反法律法规，而数字人民币是我国法定货币人民币的数字形式，可能会在元宇宙中大行其道。

当我们的技术发展到能够真正创建一个元宇宙的时候，我们就能积极参与，发展出不同的文化，最终形成一种文明。总的来说，目前元宇宙发展的技术瓶颈主要是 VR、AR、5G、传感技术、算力等，而当这些技术发展到位时，或许就代表着我们进入了元宇宙时代。

四、罗布乐思的成功启示

罗布乐思在上市的同时，也在默默构建自己的未来元宇宙版图。它购买了聊天平台 Guilded，最近推出了一款游戏内语音聊天系统的测试，该系统将帮助罗布乐思玩家像在现实生活中一样无缝交流，而且还可以超越现实世界的限制。巴斯祖奇希望罗布乐思更加国际化。作为一个致力于将全世界联系在一起的平台，罗布乐思给大家提供了一个让任何人都可以探索的全世界开发者建立的数百万个沉浸式 3D 体验的平台。上市之后的罗布乐思依旧秉承着初心，试图为创作者创造一个更加美好的发展环境，让创作者自己探索、思考、制定策略，成为陪伴"Z 世代"成长的伙伴。

罗布乐思发布的 2021 年第一季度报告显示，该季度用户在罗布乐思投入时间累计约为 97 亿个小时，日活跃用户数达到 4 210 万人，同比增加 79%。2018 年罗布乐思的日活跃用户约为 1 200 万人，2019 年达到 1 760 万人，截至 2020 年 9 月，增至 3 110 万人。

纵观罗布乐思的发展史，在探索前行道路时，罗布乐思无意中探索出了元宇宙可能的前进方向，并带给我们诸多启示，值得后来者学习和借鉴。创作者会获得玩家在他们设计的虚拟世界中所消耗的虚拟货币 Robux，激励创作者去构建一个更具可玩性并且具有更加合理的经济系统的虚拟世界游戏。元宇宙的沉浸感、多元化以及经济系统等多个方面在商业模式的激励下，已深入人心，并使罗布乐思取得如今傲人的成就，值得后续开发元宇宙相关项目的团队借鉴。

罗布乐思不仅拓展了元宇宙概念，提出了八大要素，而且践行了元宇宙思想下的商业模式改革，证明了创意的巨大潜力在元宇宙特性下将得到更大发挥。其与 GUCCI 等商业品牌的合作，更是将元宇宙推向了新的高度。罗布乐思不断强化社交，社交的网络效应能将元宇宙的作用进一步放大，而且它还证实了元宇宙带来的体验是以往从未实现的。

第二节 VR-Platform：虚拟现实仿真平台

一、什么是 VR-Platform

VR-Platform（Virtual Reality Platform，简称 VR-Platform 或 VRP）即虚拟现实仿真平台，是一款国产的具有完全自主知识产权的直接面向三维美工的虚拟现实软件。该软件具有适用性强、操作简单、功能强大、高度可视化、所见即所得的特点。

VRP 所有的操作都是以美工可以理解的方式进行的，不需要程序员参与。如果操作者具有良好的 3DMAX 建模和渲染基础，只要对 VRP 平台稍加学习和研究就可以很快制作出自己的虚拟现实场景。

二、VR-Platform 概述

（一）应用范围

VRP 可广泛地应用于城市规划、室内设计、工业仿真、古迹复原、桥梁道路设计、房地产销售、旅游教学、水利电力、地质灾害等众多领域，为这些领域提供切实可行的解决方案。VRP 支持 Patriot 和 Liberty 跟踪器，能精确捕捉人体的位置和动作，并在场景中控制虚拟手的运动，支持头戴式显示器，可以给人以高沉浸感的立体视觉感受。

VRP 可以与欧特克（Autodesk）产品结合使用，也可以挂接在 3DS MAX 上运行。

（二）历史地位

很久以来，我国一直是引进国外的虚拟现实软件，国内没有一款自己独立开发的虚拟现实仿真平台软件，直至中视典数字科技有限公司终于研发出了一款拥有完全自主知识产权的虚拟现实软件——VRP。

VRP 系列产品自问世以来，打破了该领域被国外所垄断的局面，以极高的性价比赢得了国内广大客户的喜爱，已经成为我国国内市场占有率最高的一款国产虚拟现实仿真平台软件。

（三）产品体系

VRP 虚拟现实仿真平台，经历了多年的研发与探索，已经在以 VRP 引擎为核心的基础上，衍生出了 9 个相关三维产品的软件平台。

其中 VRP-BUILDER 虚拟现实编辑器和 VRPIE3D 互联网平台（又称 VRPIE）软件已经成为国内应用最广泛的 VR 和 WEB3D 制作工具，连续三年在国内同行业中处于领先地位，用户数量始终稳居第一位。

（四）高级模块

VRP 高级模块主要包括 VRP- 多通道环幕模块、VRP- 立体投影模块、VRP- 多 PC 级联网络计算模块、VRP- 游戏外设模块、VRP- 多媒体插件模块等五个模块。

1. VRP-多通道环幕模块

多通道环幕模块由三部分组成：边缘融合模块、几何矫正模块、帧同步模块。它是基于软件实现对图像的分屏、融合与矫正，一般用融合机来实现的多通道环幕投影的过程，基于一台 PC 机器即可全部实现。

2. VRP-立体投影模块

立体投影模块是采用被动式立体原理，通过软件技术分离出图像的左眼、右眼信息。相比主动式立体投影方式的显示刷新提高了一倍以上，且运算能力比主动式立体投影方式更高。

3. VRP-多 PC 级联网络计算模块

采用多主机联网方式，避免了多头显卡多通道计算的弊端，而且三维运算能力相比多头显卡提高了 5 倍以上，而 PC 机事件的延迟不超过 0.1 毫秒。

4. VRP-游戏外设模块

Logitech 方向盘、Xbox 手柄，甚至数据头盔、数据手套等都是虚拟现实的外围设备，通过 VRP-游戏外设模块就可以轻松使用这些设备对场景进行浏览操作，并且该模块还能自定义扩展、自由映射。

5. VRP-多媒体插件模块

VRP-多媒体插件模块可将制作好的 VRP 文件嵌入 Neobook、Director 等多媒体软件中，能够极大地扩展虚拟现实的表现途径和传播方式。

第三节　Autodesk：三维设计、工程和施工软件

Autodesk 是世界领先的设计软件和数字内容创建公司，用于建筑设计、土地资源开发、生产、公用设施、通信、媒体和娱乐。Autodesk 始建于 1982 年，提供设计软件、因特网门户服务、无线开发平台及定点应用，帮助 150 多个国家的 400 万名用户开展业务，保持竞争力。该公司利用设计信息的竞争优势帮助用户将万维网（Web）和业务结合起来。

一、公司概况

Autodesk 是全球最大的二维和三维设计、工程与娱乐软件公司，为制造业、工程建设行业、基础设施业以及传媒娱乐业提供卓越的数字化设计、工程与娱乐软件服务和解决方案。自 1982 年 AutoCAD（Autodesk Computer Aided Design）正式推向市场，Autodesk 已针对最广泛的应用领域研发出多种三维设计、工程和娱乐软件解决方案，帮助用户在设计转化为成品前体验自己的创意。《财富》排行榜前 1 000 位的公司普遍借助 Autodesk 的软件解决方案进行设计、可视化和仿真分析，并对产品和项目在真实世界中的性能表现进行仿真分析，从而提高生产效率，有效地简化项目并实现利润最大化，把创意转变为竞争优势。

现今，设计数据不仅在绘图设计部门越来越重要，而且在销

售、生产、市场及整个供应链都变得越来越重要。Autodesk 是保证设计信息在企业内部顺畅流动的关键业务合作伙伴。在数字设计市场，没有哪家公司在产品的品种和市场占有率方面能与 Autodesk 匹敌。作为世界上最大的软件公司之一，Autodesk 的用户遍及 150 多个国家，数量超过 400 万户。在美国境内的 500 家工业和服务公司中，90% 是 Autodesk 的客户。

Discreet 是 Autodesk 的一个分部，由 Kinetix® 和收购的 Discreet Logic 公司合并组成，开发并提供用于视觉效果、3D 动画、特效编辑、广播图形和电影特技的系统和软件。

二、旗下产品与服务

面向建筑师的 AutoCAD 软件。借助专门为建筑师开发的工具，更加高效地创建建筑设计和文档，自动执行烦琐的绘图任务，减少工作中的错误，提供一系列建筑行业的三维智能对象。

- AutoCAD Civil 3D：基于 AutoCAD 的功能全面的软件包。可广泛应用于土木工程项目设计，制图及数据管理。
- AutoCAD Electrical：是一款在设计与文件电子化控制系统中具有主导地位的应用软件。
- AutoCAD Map 3D：创建与管理空间数据的主要的工程 GIS 平台。利用强大的 AutoCAD®；工具使工作流程化，提高了工作效率。
- AutoCAD Mechanical：2D 机械设计和草图应用，拥有零件库和目录、自动化工具以及与 Autodesk®Inventor™ 模型相关的细节设计标准。
- AutoCAD Raster Design：使用 Raster Design 软件可以提升扫

描过的草图、地图、航空照片、卫星图像、数字海拔模型的价值。
- AutoCAD Revit Architecture Suite：保护用户在软件、培训及设计数据方面的现有投资，并帮助用户从建筑信息模型中获取竞争优势。
- AutoCAD Revit MEP Suite：集 AutoCAD®MEP 软件的制图能力与 Revit®MEP 的建筑信息模型于一体的设备与管道工程解决方案。
- Autodesk 3DS Max：可高度定制、升级的用于游戏、电影、电视和设计展示的 3D 动画、建模及渲染平台。
- Autodesk AliasStudio：全套工具适用于具有创新性的设计，帮助企业提升设计水平，并带来丰厚利润。
- Autodesk Backdraft Conform：灵活的媒体管理和后台 I/O 解决方案。
- Autodesk Burn：基于 Linux 的支持，Autodesk 各创作方案的网络处理方案。
- Autodesk Buzzsaw：将最新发布的与项目有关的文档和信息进行集中管理，以便根据最新的决策和准确的信息成功完成项目。
- Autodesk Cleaner XL：用于 Windows 的高质量的、灵活的媒体格式转换及编码解决方案。
- Autodesk Combustion：应用于动作图像的，具有合成及视觉特效的综合性桌面软件。
- Autodesk Design Review：不需要原版设计创新软件，可以全数字方式浏览、标记、修订 2D 与 3D 设计。
- Autodesk FBX：通用三维资源交换。使用户的三维数据可以用于任何工具，在任何团队及地区中都畅通无阻，在产品的全生命周期中节约宝贵的时间。

- Autodesk Fire：最佳的实时、非压缩、高精度、非线性的剪辑系统。
- Autodesk Flame：业界领先的实时视觉特效设计及合成系统。
- Autodesk Flint：用于后期制作和广播图像的高级视觉特效系统。
- Autodesk Inferno：终极交互式高清视觉特效设计系统。
- Autodesk Inventor：AutoCAD 软件用户将获得一个好机会，Autodesk 将赋予制造业企业 3D 设计的权利，这些企业将不需要对 2D 设计流程进行额外的投资。
- Autodesk Lustre：由高性能图像处理器加速的最佳色彩分级工具，应用于配色师每天都要面对的电影、电视项目。
- Autodesk MapGuide Enterprise：利用 AutodeskMapServerEnterprise 的覆盖面和空间信息的价值整合数据，以开发新的应用，并广泛传播空间信息。
- Autodesk MapGuide Studio：管理所有在互联网上收集和整理的地理空间数据，并迅速创造空间应用。
- Autodesk Maya：利用 64 比特和多内核技术设计的全新模板工具，纹理增强及工作流程可以创建激动人心的 3D 效果，满足产品的要求。
- Autodesk MotionBuilder：最先进的生成三维角色动画的工具包，包括许多实时工具，使用户可以开发最具挑战性或极为繁重的动画项目。
- Autodesk Productstream：通过组织、管理、自动化关键设计和发布的管理流程来加速发展周期，最优化企业在设计数据上的投资。
- Autodesk Showcase：推动实现在使用来自 3D 设计数据的真实图像的同时拥有一个可以介绍并重新浏览设计环境的

想法。
- Autodesk SketchBookPro：用于在任何地点使用 Tablet 计算机或 Wacom 数位板来进行素描、加注释或视觉展示用户的想法。
- Autodesk Smoke：集成的用于 SD、HD、2K 及更高级电影的剪辑系统。
- Autodesk Stone Direct：用于实时访问高分辨率媒体的基于高速光纤通道的存储方案。
- Autodesk Toxik：应用于电影制作流程的交互式协作型合成解决方案。
- Autodesk Wire：通过 TCP/IP 高速传输媒体数据的网络方案。
- Autodesk World of DWF（DWF Writer）：不论用户使用什么设计工具，都可以安全地以 DWF 文件格式共享二维和三维数据。
- Mental Ray：用 Autodesk 3D 产品可独立使用的业界顶尖渲染工具。
- Revit Architecture：为特定目的而创建的建筑信息模型软件，让用户可以轻松地创建或设计并有效地传输文件。

三、核心产品——AutoCAD

（一）AutoCAD 的基本情况

AutoCAD 是 Autodesk 公司首次于 1982 年开发的自动计算机辅助设计软件，用于二维绘图、详细绘制、设计文档和基本三维设计，现已经成为国际上流行的绘图工具。AutoCAD 具有良好的用户界面，以交互菜单或命令行方式便可以进行各种操作。它的多文档设计环境使非计算机专业人员也能很快地学会并使用。在不断实践的过程中可以更好地掌握它的各种应用和开发技巧，从而不断提高工作效率。AutoCAD 具有广泛的适应性，它可以在各种操作系统支持的微型计算机和工作站上运行。

（二）AutoCAD 的专业化工具

AutoCAD 2019 上市之前，用户需要以固定期限的使用许可方式分别订购 AutoCAD 工具组合，而安装 AutoCAD 2019 以后，订阅用户可根据自身需求和意愿选择、下载和使用任一或全部的工具组合，即 AutoCAD 针对某一特殊行业开发的行业版本 AutoCAD，可从超过 75 万个的智能对象、样式、部件、特性和符号中进行任意选择，在业务需求千变万化的情况下，使用户始终保持高效的工作流程。

- Architecture 工具组合：使用包含 8 000 多个智能对象和样式的行业专业化工具组合，可提高建筑设计与绘制草图的工作效率。
- Electrical 工具组合：借助电气设计行业专业化工具组合，可高效地创建、修改和编制电气控制系统文档。
- Map 3D 工具组合：利用针对 GIS 和 3D 地图制作的行业专业化工具组合，整合地理信息系统和 CAD 数据。
- Mechanical 工具组合：借助包含 700 000 多个智能零件和功能的机械工程行业专业化工具组合，使用户能够更快地完成设计。
- MEP 工具组合：使用 MEP（机械、电气和管道）行业专业化工具组合来绘制、设计和编制建筑系统文档。

- Plant 3D 工具组合：利用专业化工具组合，创建并编辑 P&ID 和 3D 模型，提取管道正交和等轴测图。
- Raster Design 工具组合：借助专业化工具组合中的 Raster Design 工具，可编辑扫描的图形，并将光栅图像转换为 DWG™ 对象。
- AutoCAD 移动应用：在软件许可条件下，随时随地在各种移动设备上查看、创建、编辑和共享 AutoCAD 图形，即便身处工地现场，也可以使用最新图形进行实时访问更新。
- AutoCAD 网页应用：可以支持各种计算机通过浏览器访问 Auto CAD。

（三）AutoCAD 的基本功能

1. 平面绘图

AutoCAD 能以多种方式创建直线、圆、椭圆、多边形、样条曲线等基本图形，提供了正交、对象捕捉、极轴追踪、捕捉追踪等绘图辅助工具。正交功能使用户可以很方便地绘制水平、竖直直线，对象捕捉可帮助用户拾取几何对象上的特殊点，而追踪功能使画斜线及沿不同方向定位点变得更加容易。

2. 编辑图形

AutoCAD 具有强大的编辑功能，可以移动、复制、旋转、阵列、拉伸、延长、修剪、缩放对象等。

- 标注尺寸。可以创建多种类型尺寸，标注外观可以自行设定。
- 书写文字。能轻易在图形的任何位置、沿任何方向书写文字，可设定文字字体、倾斜角度及宽度缩放比例等属性。
- 图层管理功能。图形对象都位于某一图层上，可设定图层颜色、线型、线宽等特性。

3. 三维绘图

AutoCAD 可创建 3D 实体及表面模型，能对实体本身进行编辑。

- 网络功能。可将图形在网络上发布，或是通过网络访问 AutoCAD 资源。
- 数据交换。AutoCAD 提供了多种图形、图像数据交换格式及相应命令。

4. 二次开发

AutoCAD 允许用户定制菜单和工具栏，并能利用内嵌语言 Autolisp、Visual Lisp、VBA、ADS、ARX 等进行二次开发。

第四节 智慧城市系统和服务的打通、集成与优化

一、智慧城市是什么

智慧城市是国际社会发展的方向,虽然各国对其有着各种各样的定位,但都离不开核心技术,这也是当今社会对智慧城市的评判标准。现在尽管我们对智慧城市有足够的认识,但是具体实施起来规模巨大,所需的人力、物力、财力难以想象,是未来10年人们奋斗的方向。智慧城市将让人们的生活更加美好。

智慧城市起源于传媒领域,指利用各种信息技术或创新概念,将城市的系统和服务打通、集成,以提升资源运用的效率,优化城市管理和服务,改善市民生活质量。智慧城市是把新一代信息技术充分运用在城市中,各行各业基于知识社会下一代创新(创新2.0)的城市信息化高级形态,实现信息化、工业化与城镇化深度融合,有助于缓解"大城市病",提高城镇化质量,实现精细化和动态管理,并提升城市管理成效和改善市民生活质量。

二、智慧城市产生的背景

智慧城市经常与数字城市、感知城市、无线城市、智能城市、生态城市、低碳城市等区域发展概念相交叉,甚至与电子政务、智

能交通、智能电网等行业的信息化概念混杂。对智慧城市概念的解读也经常各有侧重，有的观点认为关键在于技术应用，有的观点认为关键在于网络建设，有的观点认为关键在于人的参与，有的观点认为关键在于智慧效果，一些信息化建设的先行城市则强调以人为本和可持续创新。总之，智慧不仅仅是智能，智慧城市绝不仅仅是智能城市的另一个说法，或者说它不仅是信息技术的智能化应用，还包括人的智慧参与、以人为本、可持续发展等内涵。综合这一理念的发展渊源以及对世界范围内区域信息化实践的总结，《创新2.0视野下的智慧城市》一文从技术发展和经济社会发展两个层面对智慧城市进行了解析，强调智慧城市不仅仅是对物联网、云计算等新一代信息技术的应用，更重要的是面向数字社会的创新2.0方法论的应用。

智慧城市通过物联网基础设施、云计算基础设施、地理空间基础设施等新一代信息技术，以及维基、社交网络、Fab Lab、Living Lab、综合集成法、网动全媒体融合通信终端等工具和方法，实现了全面透彻的感知、宽带泛在的互联、智能融合的应用，以及以用户创新、开放创新、大众创新、协同创新为特征的可持续创新，强调通过价值创造、以人为本，实现经济、社会、环境的全面可持续发展。伴随网络帝国的崛起、移动技术的融合发展以及创新的民主化进程，知识社会环境下的智慧城市是继数字城市之后信息化城市发展的高级形态。

2010年，IBM正式提出了"智慧的城市"的愿景，希望为世界和中国的城市发展贡献自己的力量。IBM研究后认为，城市由关系到城市主要功能的不同类型的网络、基础设施和环境的六个核心系统组成：组织（人）、业务/政务、交通、通信、水和能源。这些系统不是零散的，而是以一种协作的方式相互衔接的。而城市本身，则是由这些核心系统所组成的宏观系统。

三、建设智慧城市的五大核心技术

(一)物联网

智慧城市以及与此相关的智慧治理,都依赖于对大量微小实时数据的收集、分析和处理,而这只有借助 IoT 传感器才能实现。

没有什么比物联网更能紧密地与智慧城市联系在一起。这是因为智慧城市以及智能治理都依赖于收集、分析和处理大量的精细化实时数据,而这些数据只有借助物联网传感器才能实现。物联网传感器和摄像头可以各种形式实时收集详细数据。可以使用不同类型的物联网传感器实时收集数据,如火车站的客流量、道路交通、水源的污染程度以及住宅区的能源消耗等。通过这些数据,政府机构可以就不同资源和资产的分配做出快速决策,例如,根据火车站的客流量和售票信息,运输部门可以调整火车路线以满足不同需求。同样,卫生、安全和环境部门可以监测水体的污染程度,并通知负责人员采取补救措施。在某些情况下,物联网执行器可以自动启动响应措施,例如,停止向家庭住户供应受污染的水。

因此,物联网网络和传感器将构成智慧城市的神经系统,向控制实体传递关键信息,并将响应命令传送到适当的端点。

(二)大数据分析(Big Data)

智慧城市的各个方面将主要由数据来驱动。所有决策——从公共政策等长期战略决策到评估公民个人福利价值等短期决策——都将通过分析相关数据来做出。随着数据的数量、生成速度和种类的增加,对高容量分析工具的需求将比以往任何时候都大。大数据分析工具已经被政府广泛应用,比如,预测城市特定区域的犯罪可能性，防范像贩卖和虐待儿童这样的犯罪行为，等等。

随着物联网技术的应用，大数据分析将用于所有领域，包括教育、医疗保健和交通等关键领域。事实上，大数据分析已经成为物联网不可分割的一部分。大数据可以使政府发现城市发展趋势，例如，大数据分析可以帮助教育部门发现入学率偏低等趋势，从而制订预防措施。大数据也可以用来找出此类问题的原因。因此，大数据将成为智慧城市政府决策的重要辅助工具。

（三）人工智能

人工智能建立在物联网和大数据的功能之上。人工智能可以通过自动化智能决策来支持智慧城市中的大数据和物联网计划。事实上，物联网的响应能力在很大程度上取决于某种形式的人工智能。在智慧城市中，人工智能最明显的应用是自动化大量数据密集型任务，比如，以聊天机器人的形式提供基本的公民服务。

此外，智慧城市可以通过深度学习和计算机视觉等先进应用来发挥人工智能的真正价值。例如，交通监管机构可以使用计算机视觉来分析交通影像，以识别司机非法停车情况。计算机视觉还可以用来寻找和标记与犯罪行为相关的车辆，帮助执法部门追查罪犯。从智慧城市应用层面看，人工智能在城市中可以找到非常丰富的应用场景，能够覆盖并服务更大的用户群体，不仅包括消费互联网用户，还包括工业互联网用户。

目前，人工智能已在智慧医疗、智慧金融、智慧物流、智慧建筑、智慧社区、智慧园区、智慧零售、智慧政务等细分领域取得了诸多进展，有力地促进了智慧城市整体水平的提升。

（四）高速网络：5G

智慧城市建立在不同分支机构能够实时交流和共享数据的基础上，以确保运营的完全同步性。通过实现这一同步性，政府可以确保公民及时获得医疗、应急和交通等关键服务。例如，在发生爆炸或火灾之类的紧急情况时，消防部门、城市救护车服务和交通管理部门之间的实时通信可以确保这些实体进行完美实时协调，从而将人员伤亡降至最低。

为了实现不同政府实体之间的无缝连接，需要一个能够低延迟和高可靠地处理大量信息的通信网络，而5G就是这样的网络。使用5G技术，政府可以确保所有分支机构都能无缝协作，尽管每分钟共享的数据量非常大。

（五）虚拟现实

为公民提供及时服务，意味着提供服务的人员必须获得有效执行任务所需的信息。例如，必须向医生提供患者的信息，或者，负责修复受损铁路线的工作人员应该获得最新的轨道布局和受损部分的准确位置等信息。通过使用AR头戴装置，可以将这些信息及时传送给工作人员。这样做可以最大限度地减少工作人员的工作量和工作时间。此外，交通管理人员可以使用AR智能眼镜或智能手机应用程序来获取有关违章停车和被盗车辆的实时信息。

这些智慧城市技术中的每一项都是相互依存的。因此，各国政府应该制定综合战略，以便在将这些技术结合在一起的同时考虑到它们各自的优势。

四、建设智慧城市的意义

随着信息技术的不断发展以及城市信息化应用水平不断提升，智慧城市建设应运而生。建设智慧城市在实现城市可持续发展、引领信息技术应用、提升城市综合竞争力等方面具有重要意义。

（一）建设智慧城市是实现城市可持续发展的需要

改革开放40多年以来，我国城镇化建设取得了举世瞩目的成就，尤其是进入21世纪后，城镇化建设的步伐不断加快，每年有上千万名农村人口进入城市。随着城市人口的膨胀，"城市病"成为困扰各个城市建设与管理的首要难题，资源短缺、环境污染、交通拥堵、安全隐患等问题日益突出。为了破解"城市病"困局，智慧城市应运而生。智慧城市综合了包括射频传感技术、物联网技术、云计算技术、下一代通信技术在内的新一代信息技术，因此能够有效化解"城市病"问题。这些技术的应用能够使城市变得更易于被感知，城市资源更易于被充分整合，在此基础上实现对城市的精细化和智能化管理，从而减少资源消耗，降低环境污染，解决交通拥堵问题，消除安全隐患，最终实现城市的可持续发展。

（二）建设智慧城市是信息技术发展的需要

当前，全球信息技术呈加速发展趋势，信息技术在国民经济中的地位日益突出，信息资源也日益成为重要的生产要素。智慧城市正是在充分整合、挖掘、利用信息技术与信息资源的基础上，汇聚人类的智慧，实现对城市各领域的精确化管理以及对城市资源的集约化利用。由于信息资源在当今社会发展中具有重要作用，发达国家纷纷出台智慧城市建设规划，以促进信息技术的快速发展，达到抢占新一轮信息技术产业制高点的目的。为避免在新一轮信息技术产业竞争中陷于被动,我国政府审时度势,及时确定了发展智慧城市的战略布局,以期更好地把握新一轮信息技术变革所带来的巨大机遇,促进我国经济社会又好又快地发展。

(三)提高我国综合竞争力的战略选择

战略性新兴产业的发展往往伴随着重大技术的突破,对经济社会全局和长远发展具有重大的引领带动作用,是引导未来经济社会发展的重要力量。当前,世界各国对战略性新兴产业的发展普遍给予了高度重视,我国在"十二五"规划中也明确将战略性新兴产业作为发展重点。一方面,智慧城市的建设将极大地带动包括物联网、云计算、三网融合、下一代互联网以及新一代信息技术在内的战略性新兴产业的发展;另一方面,智慧城市的建设对医疗、交通、物流、金融、通信、教育、能源、环保等领域的发展也具有明显的带动作用,对扩大内需、调整结构、转变经济发展方式的促进作用同样显而易见。因此,建设智慧城市对我国综合竞争力的全面提高具有重要的战略意义。

第五节　智能家居、智能物业与智慧社区

一、什么是智能家居

智能家居系统是利用先进的计算机技术、网络通信技术、智能云端控制、综合布线技术、医疗电子技术，融合个性需求，将与家居生活有关的各个子系统，如安防、灯光控制、窗帘控制、煤气阀控制、信息家电、场景联动、地板采暖、健康保健、卫生防疫等有机地结合在一起，通过网络化综合智能控制和管理，实现"以人为本"的全新家居生活体验。

智能生活又称智能住宅，在国外常用"Smart Home"表示。与智能家居系统含义相近的有家庭自动化、电子家庭、数字家园、家庭网络、网络家居、智能家庭/建筑，在我国香港和台湾等地区，还有数码家庭、数码家居等称法。

自从世界上第一幢智能建筑于1984年在美国问世，美国、加拿大、澳大利亚、欧洲和东南亚等经济比较发达的国家或地区先后提出了各种智能家居的方案。新加坡模式的家庭智能化系统包括三表抄送功能、安防报警功能、可视对讲功能、监控中心功能、家电控制功能、有线电视接入、住户信息留言功能、家庭智能控制面板、智能布线箱、宽带网接入和系统软件配置等。

二、智能家居的目标和追求

智能家居系统改善的是人们的居住环境，其最终目的是使家庭生活更加安全、节能、智能、便利和舒适。以住宅为平台，利用综合布线技术、网络通信技术、智能家居系统设计方案安全防范技术、自动控制技术、音视频技术集成与家居生活有关的设施，构建高效的住宅设施与家庭日常事务的管理系统。

智能家居系统能让人们轻松享受生活。出门在外，您可以通过电话、计算机来远程遥控各智能系统，例如，在回家的路上提前打开家中的空调和热水器；到家开门时，借助门磁或红外传感器，系统会自动打开过道灯，同时打开电子门锁，安防撤防，并开启家中的照明灯具和窗帘迎接您的归来；回到家里，使用遥控器可以方便地控制房间内各种电器设备，可以通过智能化照明系统选择预设的灯光场景，读书时可以营造舒适、安静的环境，回到卧室时可以营造浪漫的灯光氛围……

这一切，您都可以安坐在沙发上从容操作，一个控制器可以遥控家里的一切，比如拉窗帘，给浴池放水并自动加热调节水温，调整窗帘、灯光、音响的状态；厨房配有可视电话，您可以一边做饭，一边接打电话或查看门口的来访者；即使在公司上班时，家里的情况也可以显示在办公室的计算机或手机上，随时查看；门口机具有拍照留影功能，家中无人时如果有来访者，系统会拍下照片供您回来查看。

三、智能家居的设计原则

通俗地说，智能家居是融自动化控制系统、计算机网络系统和网络通信技术于一体的网络化、智能化的家居控制系统。衡量一个住宅小区的智能化系统,并非仅仅衡量智能化设备的多少、系统的先进性或集成度,而是取决于系统的设计和配置是否经济合理并且系统能否成功运行,系统的使用、管理和维护是否方便,系统或产品的技术是否成熟适用。换句话说,就是如何以最少的投入、最简便的实现途径来换取最大的功效,实现便捷高质量的生活。

为了实现上述目标,智能家居系统设计时要遵循以下原则。

(一)实用性、便利性

智能家居最基本的目标是为人们提供一个舒适、安全、方便和高效的生活环境。对智能家居产品来说,最重要的是实用,应摒弃那些华而不实,只能充作摆设的功能,要以实用性、易用性和人性化为主。

我们认为,在设计智能家居系统时,应根据用户需求,整合最实用、最基本的家居控制功能,包括智能家电控制、智能灯光控制、电动窗帘控制、防盗报警、门禁对讲、煤气泄漏报警等,同时还可以拓展诸如三表抄送、视频点播等增值服务功能。

智能家居的控制方式丰富多样,比如本地控制、遥控控制、集中控制、手机远程控制、感应控制、网络控制、定时控制等,其本意是让人们摆脱烦琐的事务,提高效率,如果操作过程和程序设置过于烦琐,容易让用户产生排斥心理。所以,设计时一定要充分考虑到用户体验,注重操作的便利性和直观性,最好能采用图像化的控制界面,让操作显而易见。

(二)可靠性

整个建筑的各个智能化子系统应能 24 小时运转,并高度重视系统的安全性、可靠性和容错能力。对各个子系统,以及电源、系统备份等方面采取相应的容错措施,保证系统正常安全地运行,并保持良好的质量、性能,具备应付各种复杂环境变化的能力。

(三)标准性

智能家居系统方案的设计应依照国家和地区的有关标准进行,确保系统的扩充性和扩展性,在系统传输上采用标准的 TCP/IP 协议网络技术,保证来自不同厂商的系统之间可以兼容与互联。系统的前端是多功能的、开放的、可以扩展的设备。如系统主机、终端与模块采用标准化接口设计,为家居智能系统外部厂商提供集成的平台,而且其功能可以扩展,当需要增加功能时,不必再开挖管网,简单可靠、方便节约。设计选用的系统和产品能够使本系统与未来不断发展的第三方受控设备进行互通互连。

(四)方便性

布线安装是否简单直接关系到成本,一定要选择易于连接的系统,施工时可与小区宽带一起布线,使之后的操作和维护简便。

系统在工程安装调试中的方便设计也非常重要。家庭智能化有一个显著的特点,就是安装、调试与维护的工作量非常大,需要投入大量的人力物力,成为制约行业发展的瓶颈。针对这个问题,系统在设计时,就应考虑安装与维护的方便性,比如可以通过网络远程调试与维护。通过网络,不仅使住户能够对家庭智能化系统进行控制,还允许工程人员在远程检查系统的工作状况时,对出现的故障进行诊断。这样,系统设置与版本更新就可以在异地进行,大大方便了系统的应用与维护,从而提高了响应速度,降低了维护成本。

四、智能家居组成

智能家居系统包含的主要子系统有家居布线系统、家庭网络系统、智能家居（中央）控制管理系统、家居照明控制系统、家庭安防系统、背景音乐系统（如 TVC 平板音响）、家庭影院与多媒体系统、家庭环境控制系统等八大系统。其中，智能家居（中央）控制管理系统（包括数据安全管理系统）、家居照明控制系统、家庭安防系统是必备系统，家居布线系统、家庭网络系统、背景音乐系统、家庭影院与多媒体系统、家庭环境控制系统为可选系统。

在智能家居系统产品的认定上，厂商生产的智能家居（智能家居系统产品）属于必备系统，能实现智能家居的主要功能。因此，智能家居（中央）控制管理系统（包括数据安全管理系统）、家居照明控制系统、家庭安防系统都可直接称为智能家居（智能家居系统产品）。而可选系统不能直接称为智能家居，只能用智能家居加上具体系统的组合表述，如背景音乐系统，称为智能家居背景音乐。将可选系统产品直接称作智能家居，是对用户的一种误导。

在智能家居环境的认定上，只有完整地安装了所有的必备系统，并且至少选装了一种可选系统的智能家居才能称为智能家居。

五、智慧物业与智慧社区

新型智慧物业管理平台是社区管理的一种新理念，是新形势下社会管理创新的一种新模式。智慧社区是指充分利用物联网、云计算、移动互联网等新一代信息技术的集成应用，为社区居民提供一个安全、舒适、便利的现代化、智慧化的生活环境。

新型智慧物业管理平台聚焦物业的管理需求及业主的实际生活场景，以提高物业管理效率，增强业主幸福指数为目标。专业的收费管理系统，解决了物业服务费收取难、催缴难，人工投入成本逐年升高等问题；便捷的物业移动管理系统，优化了流程可以随时随地处理问题，提高了物业管理效率；智能的硬件设备链接，通过各类硬件的互联互通打破小区信息的孤岛，使采用一个系统就能掌握小区全数据；高效的智能巡检管理，代替传统纸质的低效巡检，可线上记录，使数据实时上报系统，提高物业巡检效率。

智慧社区大致由安全防范系统、信息网络系统和智慧物业管理系统组成。其中，物业管理系统是整个住宅小区能否真正向着智能化方向发展的关键。

第六节　虚拟人：元宇宙的构成要素和交互载体

一、数字人、虚拟人、虚拟数字人

（一）数字人

数字人就是逼真复杂的 3D 人体模型，是艺术化与结构化的 3D 模型。数字人利用最新开发的高端功能在外观（皮肤着色或毛发梳理上）和运动（准确地绑定和动画）方面能产生逼真的效果。"结构化"意味着其数据已经组织好，并且已经经历了使其"可以投入生产"的某些步骤。

"数字人"一词来自英文"Digital Human"，中文意思是"数字人类"，简称"数字人"，目前关于"数字人"并没有统一的定义。之所以称之为"数字人"，强调了它存在于数字世界。而数字世界是人类设计运行于计算设备上的代码和数据，它是在计算设备上运行的程序，数字世界底层操纵的是 0 和 1 这样的数据，物理世界是真实的，数字世界是虚拟的。数字人的身份可以是按照现实世界中的人物进行设定，外观也可以完全一致，按照真人制作的数字人也被称为"数字孪生"，比如数字王国制作的 Digi Doug。

(二)虚拟人

虚拟人(Virtual Humam)中"虚拟"这个词,考虑了人的职业、个性和故事。数字人是复杂、高端、昂贵的3D资产,而虚拟人可以是助手、演员、网红,简而言之,就是有工作的数字人。

网络上流行的虚拟网红、虚拟主播,被称为"虚拟人"。之所以称之为"虚拟",是因为人物的身份是虚构的,是在现实世界中并不存在的,比如火爆的虚拟网红 Lil Miquela,她在 Instagram 上拥有 300 多万名粉丝,身份设定是生活在洛杉矶的一名 19 岁女生。

如果说身份是虚构的,那么电视剧或电影里的人类演员所扮演的角色也是虚构的,但人类角色并不能称为虚拟人,因为虚拟人没有现实世界中的身体,它是通过计算机图形学技术虚拟制作的,虚拟人的本体存在于计算设备中(比如计算机、手机),通过显示设备呈现出来,让人类能通过眼睛看见。

另外,它具备人类的外观和行为模式,虚拟人具有人类身体的形体结构,表现出来的行为模式是与人类相仿的,虚拟人的影像通常是呈现出某种人类的活动。比如初音未来的角色设定是 16 岁的歌姬,生日是 8 月 31 日,身高与体重分别是 158 厘米与 42 千克,擅长流行歌曲、摇滚乐和舞蹈,网上传播的初音未来的图像视频主要是歌舞类型。

(三)虚拟数字人

中国人工智能产业发展联盟总体组和中关村数智人工智能产业联盟数字人工作委员会发布的《2020 年虚拟数字人发展白皮书》(以下简称《数字人白皮书》)中对虚拟数字人的描述是"具有数字化外形的虚拟人物",并将其简称为"数字人"。由此可见,目前业界对这些概念并未形成统一的规范，这是我们要特别注意的。

与具备实体的机器人不同，虚拟数字人依赖显示设备存在。虚拟数字人宜具备以下三方面特征：一是拥有人的外观，具有特定的相貌、性别和性格等人物特征；二是拥有人的行为，具有用语言、面部表情和肢体动作表达的能力；三是拥有人的思想，具有识别外界环境并与人交流互动的能力。《数字人白皮书》中"具有数字化外形的虚拟人物"的描述强调了虚拟人物的性质。

百度百科对虚拟人物的定义是："虚拟人物指在现实中或历史上不存在的人物角色，它可以是存在于电视剧、电影、漫画、游戏等作品中虚构的人物。"如果按照百度百科上对虚拟人物的定义，则《数字人白皮书》中描述的虚拟数字人是对其的延展，除了外观和行为，还增加了思想和交流互动的部分。

而目前存在的大多数虚拟数字人自身是不具备思考能力的，与外界交互绝大多数是通过人工操纵实现的，比如虚拟主播等。目前人工智能技术提供的交互能力，也是非常初级的。因为目前人工智能的智能水平还比较低，能做的事情很有限。这一点，用过智能音箱的朋友应该都深有感触，无论是小度，还是小爱同学、天猫精灵，都只能对部分特定句式的问题给出有效回答。

《数字人白皮书》中对虚拟数字人是否必须满足上述三项特征的描述，用词并不直接——"宜具备"。"宜"是多义词，作为形容词有"合适的"的意思，作为动词有"适合于"的意思，作为助动词有"应当""应该"的意思，但在现代汉语中多用于否定词（不宜），此处将"宜"理解为助动词"应该"比较合适，即"数字人应该具备以下三方面特征"，即不要求必须具备，只是期望具备。在不要求必须具备思想和交流互动能力的前提下，虚拟人和虚拟数字人是等价的，虚拟数字人强调虚拟身份和数字化制作的特性。

（四）三者的提出

本书所提出的虚拟人、数字人、虚拟数字人是通过计算机图形学技术（Computer Graphic，CG）创造出的与人类形象接近的数字化形象，并赋予其特定的人物身份，在视觉上拉近和人的距离，为人类带来更加真实的情感互动。

二、虚拟数字人的三大趋势

资讯公司量子位发布的《虚拟数字人深度产业报告》显示，到2030年，我国虚拟数字人整体市场规模将达到2 700亿元。其中，身份型虚拟数字人约为1 750亿元，服务型虚拟数字人总规模超过950亿元，目前市场正处于前期培育阶段。替代真人服务的虚拟主播和虚拟IP中的虚拟偶像是目前的市场热点。

报告认为，"人"是虚拟数字人的核心因素，高度拟人化为用户带来的亲切感、关怀感与沉浸感是多数消费者的核心使用动力。能否提供足够自然逼真的体验，将成为虚拟数字人在各个场景中取代真人、完成语音交互方式升级的重要标准。

报告认为，虚拟数字人行业未来的主要驱动力包括：（1）用户代际变化，新一代年轻群体对内容消费和虚拟世界更为渴求；（2）虚拟数字人相关技术门槛相对降低，成本有所回落，同时，资本热度上升，虚拟化的趋势逐渐成为共识；（3）VR眼镜等相关配套设备逐渐回暖，有望实现大规模商用。

（一）趋势一：更多场景中将出现服务型虚拟数字人

虚拟数字人主要分为两类，分别是身份型虚拟数字人以及服务型虚拟数字人。

其中，服务型虚拟数字人主要用于替代真人进行播报等内容生成，并可进行简单的问答交互。国外由于在 CG 方面具有技术优势，能够打造具有高度关怀感的虚拟数字人，率先在医疗等场景落地了虚拟陪伴助手、虚拟心理咨询顾问等。

在内容生产方面，虚拟数字人内容生成平台已成为多家厂商的共同发力点，国内厂商包括火山引擎、科大讯飞、相芯科技等，均推出了新闻播报场景的相关平台。在这类平台上，使用者可将播报内容输入平台，选择主持人形象、音色及其播报背景后，即可快速生成相关播报视频，使用者还可以对虚拟数字人的动作进行调整。部分产品还可插入演示面板，根据时间轴调整位置等，最终生成图文并茂并带有解释说明的视频。

目前，虚拟数字人不适用于通用性、专业性、交互性过强的领域，因为会暴露现有技术的短板，目前国内应用专注于特定细分市场，提供简单交互服务。

虚拟主播是目前国内竞争最为激烈的，一些厂家会将直播场景中的运营细节融入产品设计中。各厂家还摸索部署虚拟客服，业务需求和规则流程相对明确的客服场景成为虚拟数字人落地的理想条件。例如，餐饮品牌麦当劳的虚拟形象"开心姐姐"，护肤品牌欧莱雅中国的虚拟偶像"欧爷""莱姐"，护肤品牌薇诺娜的虚拟形象"薇薇""诺哥"和"青刺果"，美妆品牌花西子的国风虚拟形象"花西子"等。

其他场景还包括已在规划中的虚拟教师、导航导览、展览介绍等，虚拟数字人可以对用户的基本行为和语音诉求进行识别，并以固定话术进行回应。

此外，值得关注的是，AI 虚拟助手应用已经诞生，国内智能音箱的知名 AI 虚拟助手们也对外展示了可定制的专属虚拟数字人形象。未来，在扩展现实或全息投影等技术成熟时，具有具体形象的AI助手或将出现在人们的日常生活中。

（二）趋势二：身份型虚拟数字人始于娱乐、代言和直播

与缺乏人格特征的服务型虚拟数字人相比，身份型虚拟数字人更强调其本身的身份。在现实世界中，这些具有独立人设的虚拟IP通过静态照片、动态视频、实时直播等方式引发了关注。

国内早期的身份型虚拟数字人是基于真人或游戏等经典IP而设计的。例如，迪丽热巴的虚拟形象"迪丽冷巴"，黄子韬的虚拟形象"韬斯曼"，还有欧阳娜娜的虚拟乐队"NAND"等。这些虚拟化身本质上是真人偶像身份的延续，用于替代真人进行表演，帮助真人明星增加曝光率。

虚拟数字人入侵"网红圈"，同样风生水起。美国的Lil Miquela在全球拥有较高人气，她于2016年在社交平台Instagram出道，2020年的收入已超过了千万美元。我国首位超写实虚拟人翎Ling以中国风为特色，不仅登上了Vogue杂志，还获得了特斯拉代言。2021年10月底在国内出道的柳夜熙，在发出了一条视效冲击强烈、现实世界与虚拟场景交接互动的视频后，其短视频平台账号在24小时内涨粉超过130万人，获赞超过200万次。

此外，直播及网红也成为虚拟IP的重点发展市场，其代表有美国主播CodeMiko、抖音网红阿喜、B站虚拟up主鹿鸣、日本虚拟模特Imma等。

整体而言，虚拟IP人设稳定，可高频次出席各种活动，相对于真人IP，解决了多频道网络（MCN）机构对特定IP长期持有的问题，在直播、代言等领域均有所发展。

（三）趋势三：分身型虚拟数字人有望迎来增长爆发期

你有没有想过未来自己在元宇宙里的形象？分身型虚拟数字人主要面向的是未来的虚拟世界，为每个人创造自己的虚拟分身，满足个人在虚拟世界中的身份需求。

为自己创造独特的形象在社交、游戏等领域被反复验证过，但以前多为低还原度的平面形象，而虚拟的第二分身有望通过其特有的真实感和沉浸感进一步满足这种分身需求。

报告也指出，除了高还原度的个性化外表，第二分身只有精细地描述使用者当前的反应姿态，包括位置、外貌、注意力、情绪等一系列要素，才能为使用者提供基于第二身份的存在感。因此，在虚拟产业的内容、软硬件等方面基本成熟后，第二分身虚拟数字人有望迎来增长爆发期。

三、虚拟数字人的应用案例

（一）世优科技：致力于打造最大的虚拟人工厂

伴随着元宇宙的不断发展，围绕虚拟人领域的上中下游产业链日趋成熟，形成了完整的产业布局。在这条产业链的运作中，底层技术、设备供应、内容制作、运营、产品将会和客户紧密地连接融合起来，高效共享其中的各种要素资源，从而实现降本增效，推动整个行业向前迈进。

虚拟人行业产业链较长，上游通过底层算法提供技术支撑；中游通过虚拟人整体解决方案实现场景应用落地；下游则通过营销实现有效传播；上中下游协同发展，一起组建起完整的虚拟人产业链生态图谱（见图6.1）。

第六章 元宇宙在产业中的应用

下游：应用层						
数字替身	虚拟主播	虚拟主持人	数字角色	数字员工	虚拟讲解员	虚拟导游
企业虚拟IP	虚拟偶像	AI数字人	全息数字人	虚拟博主	……	……

中游：平台层			
虚拟人技术服务商	AI能力平台	XR厂商平台	计算机视觉平台	……

上游：基础层			
建模绑定、渲染引擎	AR/VR显示设备	动作捕捉设备（惯性/光学）	传感器、芯片	……

图 6.1　虚拟人产业链上中下游格局

世优科技作为一家处于产业中游的典型性公司，是国内较早提供全栈式虚拟人解决方案的虚拟技术提供商。基于其拥有自主知识产权的"实时动画""快速动画"技术，可以快速、低成本地为企业提供虚拟人"全生命周期"的服务。目前为止，已服务超过 1 000 家头部企业，"复活"了近 700 个虚拟人形象（见图 6.2）。世优科技致力于打造"最大的虚拟人工厂"，持续为企业赋能增效。

图 6.2　世优科技虚拟人形象库

家喻户晓的品牌"脑白金",就是一个十分典型的案例。其经典广告"今年过节不收礼,收礼只收脑白金"中的"白老头""金老太"的卡通虚拟IP形象,无疑是一个"符号性"的品牌资产。世优科技通过将"白老头""金老太"形象"复活"后,在新媒体及电视广告上一经推出,就掀起了一波营销高潮,也实现了"脑白金"品牌和企业符号的焕新升级(见图6.3)。值得一提的是,虚拟人作为永久的数字资产,可在世优科技虚拟工厂形象库里一直复用,利用实时动捕技术驱动虚拟人,即可在数日内制作质量上乘的广告宣传片,极大提升动画制作效率,节约品牌广告制作成本。

图6.3 世优科技"复活"的"脑白金"品牌虚拟人形象"白老头""金老太"

另外一个典型案例为海尔集团的经典形象"海尔兄弟",借助于世优科技的虚拟人技术,使"海尔兄弟"从动画形象摇身一变为海尔集团的虚拟人IP,广泛地应用于海尔集团的品牌宣传、新媒体、直播、线下活动以及跨界营销等业务之中(见图6.4)。通过不断强化IP,利用虚拟人独特的亲和力、互动性、科技感,使品牌焕发活力。

图 6.4 世优科技"复活"的"海尔兄弟"虚拟人形象

互联网大厂作为虚拟人产业链下游的虚拟 IP 运营者,在市场营销方面占据诸多资源,实力雄厚,但是在虚拟技术层面则需要行业突出的技术提供商为其提供坚实的技术支持。"希加加"的百度 AI 开发者大会、数字藏品系列、端午舞龙系列,以及"度晓晓"的百度元宇宙歌会均由世优科技提供实时动捕快速动画制作技术支持(见图 6.5 和图 6.6)。

图 6.5 世优科技为百度 AI 数字人"度晓晓"提供虚拟技术支持

图 6.6 世优科技为百度 AI 数字人"希加加"提供虚拟技术支持

成功案例的打造，离不开过硬的技术基础。世优科技的实时虚拟人技术，可以实现对虚拟人的实时驱动，包括身体、面部以及手指的精细捕捉，同时依托于骨骼绑定、底层算法、惯性测量技术（微型 MEMS）、实时环境渲染与物理计算以及虚拟拍摄等技术综合，实现虚拟人与真人动作的实时同步。

在此基础上，通过在三维软件中布置环境场景，接入虚拟拍摄，信号传输给监视器，动画导演即可在监视器实时看到经渲染合成逼近最终成片的完整动作表演的动画预览效果。同时还支持录制回放及二次精修再渲染，能够快速对动画进行修改和调整，真正做到动画的所见即所得，实现高于传统动画、计算机动画数倍的内容生产效率。

据了解，世优科技创始人纪智辉带领的团队由北京航空航天大学、北京大学图形图像博士以及多名业内资深专家组成,并在2011年开始就已经具备提供虚拟人全栈技术解决方案的能力,且处于国内外领先水平。横跨十多年,技术不断更新迭代,形成了世优科技现如今的元宇宙虚拟人技术、虚拟演播室技术以及 Puppeteer V3.0 虚拟工厂、3D 数字虚拟内容 SaaS 平台和 Meta Avatar Show 元宇宙分身秀平台三大产品矩阵。

真正的技术创新是将最适合的技术解决方案用在最能提升用户体验的地方,一切技术创新都要以赋能行业、业务为目标。元宇宙虚拟人技术目前已经规模化、批量化地在广电行业、虚拟 IP/ 虚拟偶像、品牌公关广告营销、短视频/直播、文旅国漫番剧、AI 数字人、NTF/ 元宇宙等领域内进行虚拟人及其相关内容产出,尤其是为企业品牌营销带来了前有未有的新生活力。

基于世优科技"虚拟技术+虚拟内容"的双重优势,以及坚实可靠的产品、运营、服务能力,可以快速满足不同行业下不同客户的定制需求,打造出更多的虚拟人,生产出更为丰富的虚拟内容。与此同时,伴随着技术的持续迭代,一个更加富有想象力的内容行业生态也将呈现在我们的眼前。

(二)其他应用案例

2022 年北京冬奥会期间,虚拟人频繁出现在各种场景。央视新闻直播间里,AI 手语虚拟人"聆语"正在对冰雪赛事进行解说;中国气象局推出虚拟人"冯小殊",为观众实时播报观赛期间的气象指数;新华社数字记者"小诤"作为首个数字航天员进入空间站进行新闻播报,甚至还从火星发来冬奥赛事智能分析报道。

2021 年 8 月 18 日,明星龚俊的数字人形象亮相于百度与央视新闻联合举办的"百度世界大会 2021"上,并且上了热搜。

2021年5月，香港雀巢咖啡推出了全新虚拟代言人"Zoe"，并发布一支名为《Re/Imagine》的品牌宣传片，Zoe也是香港地区首个品牌自创的虚拟代言人。

《你好，星期六》中的虚拟主持人"小漾"，被称为"湖南卫视首位数字主持人"。

四、虚拟数字人的快速发展

虚拟数字人系统一般由人物生成、人物表达、合成显示、识别感知和分析决策等五大模块构成。这五大模块主要解决虚拟人的两个问题：第一，能否像真人一样表达；第二，能否像真人一样思考。

解决第一个问题的关键在于建模、驱动和渲染三大技术。正是得益于这三大技术的突破，虚拟数字人一下子被推至大爆发前夜。

建模端，具有高保真且能够获取人物动态模型数据的扫描技术已经出现，虚拟人在外表上已无限接近人类；驱动端，智能合成、动作捕捉取得了长足进步，虚拟人的表情、动作开始以假乱真；渲染端，随着CPU、GPU等硬件能力的提升和算法的突破，成像的真实性和细微度均大幅提升，突破"恐怖谷"指日可待。

虚拟人不会只停留在文娱层面，这不足以覆盖虚拟人的全部内涵。当前显著的趋势是探索更多元，尤其是在技术驱动下更智能的虚拟人该如何走上一条技术突围的"破壁"之路。

第七节 动作捕捉：元宇宙中的新型互动方式

一、什么是动作捕捉

动作捕捉是在运动物体的关键部位设置跟踪器，意同运动捕捉，英文为"Motion Capture"，简称"MoCap"。技术涉及尺寸测量、物理空间中物体的定位及方位测定等可以由计算机直接理解处理的数据。

在运动物体的关键部位设置跟踪器，由 MoCap 系统捕捉跟踪器位置，再经过计算机处理得到三维空间坐标的数据。当数据被计算机识别后，可以应用在动画制作、步态分析、生物力学、人机工程等领域。用户动作的实时记录和反馈是沉浸式体验的重要环节，动作捕捉必将是成为构建元宇宙的基础技术之一，是连接并且同步虚拟世界和现实世界的重要手段。

二、主要的分类

常用的运动捕捉技术从原理上可分为机械式、声学式、电磁式、主动光学式和被动光学式。不同原理的设备各有其优缺点，一般可从以下几个方面进行评价：定位精度，实时性，使用方便程度，可捕捉运动范围大小，抗干扰性，多目标捕捉能力，以及与相应领域专业分析软件的连接程度。此外，还有惯性导航式运动捕捉。

三、技术实现手段

（一）技术之一：机械式运动捕捉

机械式运动捕捉依靠机械装置来跟踪和测量运动轨迹。典型的系统由多个关节和刚性连杆组成，在可转动的关节中装有角度传感器，可以测得关节转动角度的变化情况。装置运动时，根据角度传感器所测得的角度变化和连杆的长度，可以得出连杆末端点在空间中的位置和运动轨迹。实际上，装置上任何一点的运动轨迹都可以求出，刚性连杆也可以换成伸缩杆，用位移传感器测量其长度的变化。

早期的机械式运动捕捉装置是用带角度传感器的关节和连杆构成"可调姿态的数字模型"，其形状既可以模拟人体，也可以模拟其他动物或物体。使用者可根据剧情的需要调整模型的姿态，然后锁定。角度传感器测量并记录关节的转动角度，依据这些角度和模型的机械尺寸，可计算出模型的姿态，并将这些姿态数据传送给动画软件，使其中的角色模型也做出一样的姿态。这是一种较早出现的运动捕捉装置，但直到现在仍有一定的市场。国外给这种装置起了个很形象的名字——"猴子"。

机械式运动捕捉的一种应用形式是将欲捕捉的运动物体与机械结构相连，物体运动带动机械装置，其运动轨迹就这样被传感器实时记录下来。

这种方法的优点是成本低，精度也较高，可以做到实时测量，还可容许多个角色同时表演。但其缺点也非常明显，主要是使用起来非常不方便，机械结构对表演者动作的阻碍和限制很大。而"猴子"较难用于连续动作的实时捕捉，需要操作者不断根据剧情要求调整"猴子"的姿势，操作麻烦，主要用于静态造型捕捉和关键帧的确定。

（二）技术之二：声学式运动捕捉

常用的声学式运动捕捉装置由发送器、接收器和处理单元组成。发送器是一个固定的超声波发生器，接收器一般由呈三角形排列的三个超声探头组成。通过测量声波从发送器到接收器的时间或者相位差，系统可以计算并确定接收器的位置和方向。

这类装置成本较低，但对运动的捕捉有较大延迟和滞后，实时性较差，精度一般不高，声源和接收器间不能有大的遮挡物体，受噪声和多次反射等干扰较大。由于空气中声波的速度与气压、湿度、温度有关，所以还必须在算法中做出相应的补偿。

（三）技术之三：电磁式运动捕捉

电磁式运动捕捉系统是比较常用的运动捕捉设备。一般由发射源、接收传感器和数据处理单元组成。发射源会在空间产生按一定时空规律分布的电磁场；接收传感器（通常有10—20个）安置在表演者身体的关键位置，随着表演者的动作在电磁场中运动，以电缆或无线方式与数据处理单元相连。

表演者在电磁场内表演时，接收传感器将接收到的信号通过电缆传送给处理单元，根据这些信号可以解算出每个传感器的空间位置和方向。Polhemus公司和Ascension公司均以生产电磁式运动捕捉设备而闻名。这类系统的采样速率一般为每秒15—120次（依赖于模型和传感器的数量），为了消除抖动和干扰，采样速率一般在15Hz以下。对于一些高速运动，如拳击、篮球比赛等，该采样速度还不能满足要求。电磁式运动捕捉的优点首先在于它记录的是六维信息，即不仅能得到空间位置，还能得到方向信息，这一点对某些特殊的应用场合很有价值。其次是速度快、实时性好，表演者表演时，动画系统中的角色模型可以同时反应，便于排演、调整和修改。装置的定标比较简单，技术较成熟，鲁棒性①好，成本相对低廉。

电磁式运动捕捉的缺点在于对环境要求严格，表演场地附近不能有金属物品，否则会造成电磁场畸变，影响精度。系统的允许表演范围比光学式要小，特别是电缆对表演者的活动限制比较大，不适于比较剧烈的运动和表演。

（四）技术之四：光学式运动捕捉

光学式运动捕捉通过对目标上特定光点的监视和跟踪来完成运动捕捉的任务。常见的光学式运动捕捉大多基于计算机视觉原理。从理论上说，对于空间中的一个点，只要它能同时为两部相机所见，则根据同一时刻两部相机所拍摄的图像和相机参数，可以确定这一时刻该点在空间中的位置。当相机以足够高的速率连续拍摄时，从图像序列中就可以得到该点的运动轨迹。

典型的光学式运动捕捉系统通常使用6—8个相机环绕表演场地排列，这些相机的视野重叠区域就是表演者的动作范围。为了处理方便，通常要求表演者穿上单色的服装，在身体的关键部位，如关节、髋部、肘、腕等处贴上一些特制的标志或发光点，称为"Marker"，视觉系统将识别和处理这些标志。系统定标后，相机连续拍摄表演者的动作，并将图像序列保存下来，再进行分析和处理，识别其中的标志点，计算其在每一瞬间的空间位置，进而得到其运动轨迹。为了得到准确的运动轨迹，相机应有较高的拍摄速率，一般要达到每秒60帧以上。

---

① 鲁棒性：是指控制系统在一定结构、大小的参数摄动下，维持其他某些性能的特性。

如果在表演者的脸部表情关键点贴上 Marker，则可以实现表情捕捉。大部分表情捕捉都采用这种方式。有些光学运动捕捉系统不需要 Marker 作为识别标志，例如，根据目标的侧影来提取其运动信息，或者利用有网格的背景简化处理过程等。研究人员正在研究应用图像识别、分析技术，由视觉系统直接识别表演者身体关键部位并测量其运动轨迹的技术，估计将很快投入使用。

光学式运动捕捉的优点是表演者活动范围大，无电缆、机械装置的限制，表演者可以自由地表演，使用很方便。其采样速率较高，可以满足多数高速运动测量的需要。Marker 数量可根据实际应用购置添加，便于系统扩充。

这种方法的缺点是系统价格昂贵，虽然可以捕捉实时运动，但后处理（包括 Marker 的识别、跟踪、空间坐标的计算）的工作量较大，适合科研类应用。

（五）技术之五：惯性导航式动作捕捉

通过惯性导航传感器航姿参考系统（AHRS）、惯性测量单元（IMU）测量表演者运动加速度、方位、倾斜角等特性。不受环境干扰影响，不怕遮挡。捕捉精确度高，采样速度高，达到每秒 1 000 次或更高。由于采用高集成芯片、模块，体积小、尺寸小、重量轻、性价比较高。惯性导航传感器可以佩戴在表演者头上，或通过 17 个传感器组成数据服穿戴在身上，通过 USB 线、蓝牙、2.4GHz DSSS 无线等与主机相连，分别可以跟踪头部、全身动作，实时显示完整的动作。

四、运动捕捉技术在其他领域的应用

将运动捕捉技术用于动画制作，可极大地提高动画制作的水平。它极大地提高了动画制作的效率，降低了成本，而且使动画制作过程更为直观，效果更为生动。随着技术的进一步成熟，表演动画技术将会得到越来越广泛的应用，而运动捕捉技术作为表演动画系统不可缺少的、最关键的部分，必将显示出更加重要的作用。

运动捕捉技术不仅是表演动画中的关键环节，在其他领域也有着非常广泛的应用前景。

表情和动作是人类情绪、愿望的重要表达形式，运动捕捉技术完成了将表情和动作数字化的工作，提供了新的人机交互手段，比传统的键盘、鼠标更直接方便。不仅可以实现"三维鼠标"和"手势识别"，还使操作者能以自然的动作和表情直接控制计算机，并为最终实现可以理解人类表情、动作的计算机系统和机器人提供了技术基础。

虚拟现实系统为实现人与虚拟环境及系统的交互，必须确定参与者的头部、手、身体等的位置与方向，准确地跟踪测量参与者的动作，将这些动作实时检测出来，反馈给显示和控制系统。这些工作对虚拟现实系统来说是必不可少的，也正是运动捕捉技术的研究内容。

遥控机器人将危险环境的信息传送给控制者，控制者根据信息做出各种动作，运动捕捉系统将动作捕捉下来，实时传送给机器人并控制其完成同样的动作。与传统的遥控方式相比，这种系统可以实现更为直观、细致、复杂、灵活而快速的动作控制，大大提高机器人应付复杂情况的能力。在当前机器人全自主控制技术尚未成熟的情况下，这一技术有着特别重要的意义。

在互动式游戏中，可利用运动捕捉技术捕捉游戏者的各种动作，以驱动游戏环境中角色的动作，给游戏者以一种全新的参与感受，加强游戏的真实感和互动性。

在体育训练中，运动捕捉技术可以捕捉运动员的动作，进行量化分析，结合人体生理学、物理学原理，研究改进的方法，使体育训练摆脱纯粹依靠经验的传统，进入理论化、数字化的时代。还可以把成绩差的运动员的动作捕捉下来，将其与优秀运动员的动作进行对比分析，从而帮助其训练。

另外，在人体工程学研究、模拟训练、生物力学研究等领域，运动捕捉技术同样大有可为。可以预计，随着技术的发展和相关应用领域技术水平的提高，运动捕捉技术将会得到越来越广泛的应用。

五、运动捕捉设备

从技术的角度来说，运动捕捉的实质就是要测量、跟踪、记录物体在三维空间中的运动轨迹。典型的运动捕捉设备一般由以下几个部分组成。

传感器：所谓传感器是固定在运动物体特定部位的跟踪装置，它将向 MoCap 系统提供运动物体的位置信息，一般会随着捕捉的细致程度确定跟踪器的数目。

信号捕捉设备：这种设备会因 MoCap 系统的类型不同而有所区别，它们负责位置信号的捕捉。对机械系统来说是一块捕捉电信号的线路板，对于光学 MoCap 系统则是高分辨率红外摄像机。

数据传输设备：MoCap 系统，特别是需要实时效果的 MoCap 系统需要将大量的运动数据从信号捕捉设备中快速准确地传输到计算机系统中进行处理，而数据传输设备就是用来完成此项工作的。

数据处理设备：经过 MoCap 系统捕捉到的数据在修正、处理后还要与三维模型结合才能完成计算机动画制作的工作，这就需要应用数据处理软件或硬件。软件也好，硬件也罢，它们都是借助计算机的高速运算能力来完成数据的处理，使三维模型真正、自然地运动起来。

第八节　可穿戴设备：智能终端产业的下一个热点

一、定义与概念

可穿戴技术主要探索和创造能直接穿在身上或是整合进用户的衣服或配件的科学技术。可穿戴设备即直接穿在身上，或是整合到用户的衣服或配件上的一种便携式设备。可穿戴设备不仅仅是一种硬件设备，更是通过软件支持以及数据交互、云端交互来实现的强大功能。可穿戴设备将会对我们的生活、感知带来很大的转变。

二、发展历程

可穿戴技术是20世纪60年代美国麻省理工学院媒体实验室开发的创新技术，利用该技术可以把多媒体、传感器和无线通信等技术嵌入人们的衣着中，可支持手势和眼动操作等多种交互方式。20世纪60年代以来，可穿戴设备逐渐兴起。到了20世纪70年代，发明家Alan Lewis打造的配有数码相机功能的可穿戴式计算机能预测赌场轮盘的结果。1977年，Smith-Kettlewell研究所视觉科学院的C.C. Colin为盲人做了一款背心，把头戴式摄像头获得的图像通过背心上的网格转换成触觉意象，让盲人也能"看"得见，从广义上来讲，这是世界上第一款可穿戴的健康设备。

2012年谷歌眼镜的亮相，使得这一年被称作"智能可穿戴设备元年"。在智能手机的创新空间逐步收窄和市场增量接近饱和的情况下，智能可穿戴设备作为智能终端产业的下一个热点已被市场广泛认同。

2013年，各企业纷纷进军智能可穿戴设备研发领域，争取在新一轮技术革命中分得一杯羹。

三、关键技术与模块

（一）元器件

元器件的质量、性能、大小、材料等决定着产品的功能与用户体验。与用户最直接相关的，首当其冲是电池，如果续航能力不强，经常需要充电，就会引起用户反感。在解决耗电问题上，一种方式是平衡性能与功耗之间的关系，有所取舍；另一种方式是探索新的供电方式，有业内专家提出，既然是可穿戴设备，可以考虑将人体散出的能量转化为电能，这也是一个可以研究的方向。

（二）用户体验

视觉感受问题容易解决，毕竟大部分用户不会过于刁钻。困难的是功能问题。在交互方面，随身佩戴的产品如手环、手表，没有屏幕的话，体验感会很差，不能直接与产品交互，给人感觉这就是个数据收集器，用户想看到相关分析数据、结果必须依赖于手机和计算机，体验不佳。在交互方式上，如果屏幕小，利用触摸方式感知很差，可以考虑通过声音、眼睛动作等方式使得交互更加人性化。在功能数量方面，大而全的设备要么功耗较大，要么大多功能闲置；小而专是一个方向，应以更集中的方式解决用户的一两个痛点问题。

（三）数据和服务结合

所有不提供软件服务和数据服务的可穿戴设备都是"耍流氓"。可穿戴设备本身价值并不大，关键在于其获得的数据与提供的服务，越垂直、越有深度往往价值越大。需要注意的是，用户要的不只是数据，大部分用户对数据本身是没有概念的，经过分析得出的结果和解决方案才是最重要的。所有数据监测不准的可穿戴设备都是"耍流氓"。不准确的数据会降低用户的信任感，如果是健康类数据，如测试心率、血压，不准确的话，容易出事故。如果数据不准确，基于数据的分析及解决方案都是空谈。如果监测慢性疾病的设备，能够通过疾病预防控制中心健康认证等，则会大大增强用户的使用信心。

（四）触感与触控技术

触控是人与智能设备自然连接的方法，也是人机交互领域的重要变革。分析师预测，到2019年，在可穿戴设备的总交付量中，智能手表占比将超过70%，智能手表离不开触控技术。例如，华为的智能手表之所以选择SynapticsClearPad电容式触摸控制器，是因为该控制器成熟可靠、功耗很低，而且具备高度灵敏的人机交互性能，即使用湿的手指触控，效果依然良好。设计师还要求实现经典的圆形表盘，而Synaptics是唯一能够提供完全圆形触控界面的商家。ClearPad电容式触感技术是业界值得信赖的解决方案，已用在超过10亿部面向消费者的设备中。

(五)技术创新

要让可穿戴设备变得像智能手机、平板电脑一样流行,电池就必须更小,续航时间必须更长,还必须更轻薄,更有弹性。2015年,三星 SDI 在首尔 InterBattery 展会上展出了新成果——两款新电池。3毫米厚的超薄电池 Stripe 是一款可弯曲电池,三星称它的能源密度比市场上的其他电池更高,主要是因为它采用了最小的电池封闭宽度。超薄和可弯曲这两大特色,使得 Stripe 电池可能会被应用于更多的可穿戴设备上,如项链和衣服。还有一款电池是 Band,将它装在智能手表的表带上,可使电池电量比原来增加 50%。三星曾经将弯曲电池弯曲 50 000 次,测试它是不是耐用,所以三星不只关心它的形态,还重视其功能。2017年,Band 电池进入了市场,改变了市场格局。

未来,可穿戴设备将因人工智能变得更加强大,区块链、元计算、大数据、高速网络、脑机接口等综合应用可能带来颠覆性的变革。

四、常见的可穿戴设备

(一)爱普生 Pulsense 系列可穿戴设备

爱普生发布的 Pulsense 系列可穿戴设备,包括智能手表和智能手环。这些产品整合了爱普生公司行业领先的独创生物感应技术与基于云系统的服务,满足穿戴消费品市场对健康和运动的需求。

Pulsense 系列中的 PS-500 智能手表和 PS-100 智能手环,是具有生物识别功能的腕部感应可穿戴设备,可以监测心率、活动强度、能量消耗与睡眠模式,具有监控与数据存储功能,是理想的日常活动穿戴产品，也是心脏健康记录设备，并可以通过苹果系统或安卓系统手机应用软件，将存储的数据传送到在线健康和/或健身服务软件中，或通过计算机上传软件传输这些数据。对具有多项运动目标的消费者来说，从保持健康、减肥到马拉松训练都可以使用。

轻型时尚的 Pulsense PS-100 智能手环使用简单的 LED 显示，可以无线连接智能手机，读取并传输所储存的生物识别数据。PS-500 智能手表具有一个 LCD 显示，可以实时查看心率、行走步数、能量消耗情况和日期/时间。另外，这两款装置都配有有氧运动心率 LED 指示灯。Pulsense 系列的两款装置，能续航一星期左右，并具有很强的防水功能，很适合人们日常佩戴。

（二）谷歌眼镜

2012 年 6 月 28 日，谷歌发布了一款穿戴式 IT 产品——谷歌眼镜。该设备由一块右眼侧上方的微缩显示屏和一个右眼外侧平行放置的 720p 画质摄像头，还有一个位于太阳穴上方的触摸板以及喇叭、麦克风、陀螺仪传感器和可以支撑 6 小时电力的内置电池构成，结合了声控、导航、照相与视频聊天等功能。

（三）苹果 iwatch

苹果推出的智能手表——iWatch，也是一款可穿戴的智能设备。这款手表内置了 iOS 系统，支持 Facetime、Wi-Fi、蓝牙、Airplay 等功能，同时最令人惊喜的是，iWatch 支持 Retina 触摸屏，这款手表和 iPod nano 一样，也具备 16GB 的存储空间，并且 iWatch 还具备 8 种个性化的表带，让佩戴者尽情挥洒个性。

（四）Pebble Time

备受关注的下一代 Pebble 在经过数日的预热后，终于再次选择在 Kickstarter 上首发亮相。和之前的 Pebble Steel 不同，这个取名为 Pebble Time 的新一代 Pebble 算得上是真正意义上的第二代产品，在功能上进行了彻底的升级。

首先，Pebble Time 终于成为其家族中首款配备彩色屏幕的成员，采用了彩色电子纸（e-paper）材质。官方坚称这种材质除了更容易在户外阅读外，更重要的是省电，因为 Pebble Time 依然能维持 7 天的续航。

在外观规格方面，Pebble Time 表身比上一代薄了 20%（9.5 毫米），同时配备语音回复和备忘功能。由于采用了标准的 22 毫米表带，换装随性，使 Pebble Time 也具备了时尚性。

（五）眼镜显示器

苹果的一项穿戴 IT 设备专利的描述内容显示，该技术将使用一到两台显示器，以将图像投射到用户眼中。通常情况下，此类显示器并不会向用户的外围视线播放图像，而苹果这项专利技术则采取了新方式，使显示器所播放的图像不但会进入用户视线，而且还能够"引导"用户视线。这也意味着苹果这项专利针对的是"淹没式"设备（完全占据用户的视线），而非谷歌智能眼镜的"走动式"设备（可同时看到周围景观）。苹果技术专利还谈到了将两个图像分别投射进用户两只眼睛的技术原理，称此举将有效缓解用户戴上设备后引起的不适，并增加图像亮度和扩大视域。

第九节　BIM 技术：构建平行世界

一、定义和概念

BIM 即建筑信息模型技术，是一种应用于工程设计、建造、管理的数据化工具，通过对建筑的数据化、信息化模型进行整合，在项目策划、运行和维护的全生命周期进行共享和传递，使工程技术人员对各种建筑信息做出正确理解和高效应对，为设计团队以及包括建筑、运营单位在内的各方建设主体提供协同工作的基础，在提高生产效率、节约成本和缩短工期方面发挥重要作用。

这里引用美国国家 BIM 标准（NBIMS）对 BIM 的定义，可知 BIM 由三部分组成。

（1）BIM 是一项设施（建设项目）物理和功能特性的数字表达。

（2）BIM 是一项共享的知识资源，是一个分享有关这个设施的信息，为该设施从概念到拆除的全生命周期中的所有决策提供可靠依据的过程。

（3）在设施的不同阶段，不同利益相关方通过在 BIM 中插入、提取、更新和修改信息，支持和反映其各自职责的协同作业。

二、BIM 的起源和发展

BIM 是建筑学、工程学及土木工程的新工具。"建筑信息模型"

或"建筑资讯模型"这些词是由Autodesk创造的,用来形容那些以三维图形为主、以物件为导向、与建筑学有关的计算机辅助设计。当初,Autodesk、奔特力系统软件公司、Graphisoft所提供的这项技术是由Jerry Laisern向公众推广的。

BIM技术是Autodesk公司在2002年率先提出的,已经在全球范围内得到业界的广泛认可,它可以帮助实现建筑信息的集成,从建筑的设计、施工、运行直至建筑全寿命周期的终结,各种信息始终整合于一个三维模型信息数据库中,设计团队、施工单位、设施运营部门和业主等各方人员都可以基于BIM进行协同工作,有效提高了工作效率,节省了资源,降低了成本,实现了可持续发展。

2020年7月3日,住房和城乡建设部联合国家发展和改革委员会、科学技术部、工业和信息化部、人力资源和社会保障部、交通运输部、水利部等十三个部门联合印发《关于推动智能建造与建筑工业化协同发展的指导意见》,提出加快推动新一代信息技术与建筑工业化技术协同发展,在建造的全过程中加大建筑信息模型、互联网、物联网、大数据、云计算、移动通信、人工智能、区块链等新技术的集成与创新应用。

2020年8月28日,住房和城乡建设部、教育部、科技部、工业和信息化部等九部门联合印发《关于加快新型建筑工业化发展的若干意见》,提出要加快推进BIM技术在新型建筑工业化全寿命周期的一体化集成应用,充分利用社会资源,共同建立、维护基于BIM技术的标准化部品部件库,实现设计、采购、生产、建造、交付、运行维护等阶段的信息互联互通和交互共享。试点推进BIM报建审批和施工图BIM审图模式,推进与城市信息模型(CIM)平台的融通联动,提高信息化监管能力,提高建筑行业全产业链资源配置效率。

三、BIM 的五大特点

（一）可视化

可视化即"所见所得"的形式，对建筑行业来说，可视化的作用是非常大的。BIM 提供了可视化的思路，让人们将以往的线条式的构件以一种三维的立体实物图形方式展示在人们的面前；建筑业也有设计方面的效果图，但是这种效果图不含除构件的大小、位置和颜色以外的其他信息，缺少不同构件之间的互动性和反馈性。而 BIM 提到的可视化是一种能够在构件之间形成互动性和反馈性的可视化，由于整个过程都是可视的，不仅可以用效果图展示结果并生成报表，更重要的是，在项目设计、建造、运营过程中的沟通、讨论、决策都可以在可视化的状态下进行。

（二）协调性

协调是建筑业的重点内容，不管是施工单位，还是业主或设计单位，都在做着协调及互相配合的工作。一旦项目在实施过程中遇到了问题，就要将各有关人士组织起来开协调会，找出问题发生的原因及解决办法，然后做出变更，采取相应补救措施来解决问题。在设计时，往往由于各专业设计师之间的沟通不到位而出现各种问题。

例如，暖通等专业中的管道在进行布置时，由于施工图是绘制在各自的施工图纸上的，在真正施工过程中，可能在布置管线时正好有结构设计构件在此阻碍，像这样的问题只能在出现之后再进行解决。

BIM 的协调性服务可以帮助处理这种问题，也就是说，BIM 建筑信息模型可在建造前期对各专业的问题进行协调，生成协调数据,并提供给相关方。当然,BIM 的协调作用也并不是只能解决各专业间的问题,它还可以解决如电梯井布置与其他设计布置及净空要求的协调、防火分区与其他设计布置的协调、地下排水布置与其他设计布置的协调等。

(三)模拟性

模拟性并不是只能模拟已设计出的建筑物模型,还可以模拟不能在真实世界中进行操作的事物。在设计阶段,BIM 可以对设计上需要进行模拟的一些东西进行模拟实验。例如,节能模拟、紧急疏散模拟、日照模拟、热能传导模拟等;在招投标和施工阶段可以进行 4D 模拟(三维模型加项目的发展时间),也就是根据施工的组织设计模拟实际施工,从而确定合理的施工方案来指导施工。

同时还可以进行 5D 模拟(基于 4D 模型加造价控制),从而控制成本;后期运营阶段可以模拟日常紧急情况的处理,例如,地震时人员逃生模拟及火灾时人员疏散模拟等。

(四)优化性

事实上,整个设计、施工、运营的过程就是一个不断优化的过程。当然优化和 BIM 也不存在实质性的必然联系,但在 BIM 的基础上可以做更好的优化。优化受三种因素的制约:信息、复杂程度和时间。没有准确的信息,就没有合理的优化结果,BIM 模型提供了建筑物的实际存在信息,包括几何信息、物理信息、规则信息,还提供了建筑物变化以后的实际存在信息。复杂程度较高时,参与人员无法掌握所有的信息,必须借助一定的科学技术和设备。现代建筑物的复杂程度超过参与人员的能力极限,BIM 及与其配套的各种优化工具提供了对复杂项目进行优化的可能。

（五）可出图性

BIM模型不仅能绘制常规的建筑设计图及构件加工图，还能对建筑物进行可视化展示、协调、模拟、优化，并出具各专业及深化图，使工程表达更加详细。

四、BIM 的用途

BIM存有多项信息，包括几何结构、空间关系、地域性信息、建筑物组件数量及特性、预算成本、物料库存及项目时间表，用以展示建筑物的整个生命周期。采用建筑物信息模型，可实时得知物料的数量及共同特性，轻易分别及界定工程范围，以相对比例显示整体设施或设施群组的系统、组件及工序，并可集合各类建造业文件，包括图纸、采购详情、申请程序及其他规格。

BIM不单是绘图工具，更是崭新的管理工具，在筹备、建造以及营运阶段，全面管理建造项目的相关信息。BIM开创了全新的工作模式，以新技术协助管理及执行项目，能够更有效地调控建造程序，并有助于跨界别合作、内部协调、对外沟通、疑难解答及风险管理等。

图像显示：简化三维立体透视图的制作流程。

建造工程/施工图纸：有助于制作不同建筑物系统的施工图，例如，一旦完成薄金属管道工程的模型，即可迅速制成施工图。

BIM模型分析：有助于以图像方式显示建筑物状况，如阳光直射、自然通风、热力吸收、挖掘规划等。

设施管理（BIM+FM）：用于翻新工程、空间规划、营运及维修工作。

预算成本：部分 BIM 软件设有预算成本的功能，当模型有任何更改时，可自动截取及更新物料数量。

施工程序：为物料预订、建造及交货时间提供准确数据。

冲突、矛盾及碰撞检测/检查：由于建筑信息模型按比例以三维立体方式显示，因此可检测出所有主要系统中的矛盾，用于验证建筑物各部件之间是否有冲突。

第十节　联通在线沃音乐：元宇宙平台助力多行业数字化发展

一、元宇宙场景应用的创新实践先锋

联通沃音乐文化有限公司（简称"联通在线沃音乐"）成立于2018年5月8日，前身为中国联通音乐运营中心，确立了争当"5G新文创产业的创新引领者"的愿景目标，积极拥抱数字化时代的产业变革。

作为国内首家涉猎5G新文创行业的运营商企业，联通在线沃音乐走在全国元宇宙探索前列，依托中国联通强大的算力、网络以及区块链、AI、VR/AR等技术能力，打造中国联通元宇宙平台（UniVerse），深度耦合OS核心技术，打造从引擎到应用及IP分发于一体的元宇宙系统，为通信、数字文化、互联网、垂直领域打造定制化元宇宙的解决方案（见图6.7）。旨在基于快速发展的元宇宙产业环境中，加强推进元宇宙技术在工业、农业、金融、教育、文旅、文创、文博等各领域的融合应用，形成元宇宙"以虚强实"的发展导向，赋能产业转型升级，推动元宇宙创新产业高质量发展，提升人民生活幸福水平。

第六章 元宇宙在产业中的应用

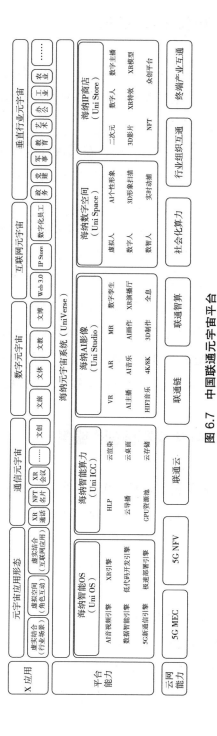

图 6.7 中国联通元宇宙平台

227

二、联通元宇宙基地保驾护航

联通在线沃音乐作为国家高新技术企业具备完备的科创条件，"5G＋AI＋超高清＋XR＋大数据"累计研发投入超过5亿元，未来三年还将追加过亿研发投入。

通过自建和联建的方式，联通在线沃音乐构建了以广东为核心，辐射联动全国的超高清内容创作基地：广州的5G·AI未来影像创作中心、韶关的AI影像计算中心、成都的数字文创基地、厦门的动漫基地以及杭州的5G·AI未来影像联合拍摄基地。

其中位于广州的5G·AI未来影像创作中心是联通在线沃音乐自建，共设立开元工作室、万象工作室、无线清晰工作室等三个聚焦"5G＋4K/8K＋AI/XR"等领域的内容制作工作室。在数字人设备上，5G·AI未来影像创作中心设有华南最大动作捕捉影棚，拥有全球顶尖的"光学＋惯性动捕"设备，国际领先矩阵式扫描仪（系统可1∶1快速生产），以及XR绿幕间、手持扫描仪等设备。

三、聚焦六大AI未来影像创作服务

结合元宇宙相关技术要素，联通在线沃音乐可为客户输出多类产品及解决方案，包括不限于4K/8K超高清内容制作、裸眼3D内容制作、AI数智人生产应用、数字人IP创作孵化、无限清晰音乐制作、XR内容生产应用等六大类AI未来影像创作服务。

1. 4K/8K超高清内容制作

通过从策划、拍摄、后期到交付全流程的专业制作，以及运营团队和超高清设备，输出包括超高清宣传片、超高清微电影、真4K超高清直播、超高清TVC（电视商业广告）、新媒体短视频、三维制作、动画制作及特效制作等多类型 4K/8K 超高清视频制作能力，以出色的画面细节及前沿的创意技术，打造全新超高清视听体验。

2. 裸眼 3D 内容制作

依托数字影像技术、3D 建模等前沿技术，打破二维的局限，输出手机小屏裸眼 3D、展厅平面裸眼 3D、立柱裸眼 3D、户外大屏裸眼 3D、商场橱窗裸眼 3D 及冰屏橱窗裸眼 3D 等多类型裸眼 3D 视频，使用户可以在特定角度，不借助其他设备的情况下，感受逼真、震撼的立体视觉效果。

3. AI 数智人生产应用

融合语音、图像及自然语言处理等多种 AI 智能技术及深度神经网络渲染技术，采集真人数据，完成真人形象建模，实现以文本或语音输入的方式实时驱动数字人模型生成内容，通过拖、拉、拽和模块化的操作方式，实现内容高效、便捷生产。

AI 数智人产品体系可分为播报视频制作、语音智能客服、7×24 小时直播，可打造包括数字讲师、智能客服、展厅导览员、数字主播等角色。

4. 数字人 IP 创作孵化

结合用户需求和品牌特性，创建独特的数字人 IP。根据与客户确认的设计图或真人矩阵扫描，在三维软件中建模赋予材质，通过三维绑定、渲染制作，孵化符合企业文化气质的虚拟 IP 形象，通过 IP 人格化、形象化、娱乐化来对 IP 进行赋能，为客户创作数字 IP 资产。根据模型精细度可分为 Q 版数字人、写实数字人和超写实数字人。

5. 无限清晰音乐制作

无限清晰音乐聚焦数字内容，整合 AI 算法技术、HIFI 音乐、全景声制作能力，打造集原创音乐制作、AI 二次创作、空间音效制作于一体的系统化解决方案。分为原创音乐制作、AI 音乐创作与空间音效制作三大核心产品，实现"词、曲、编、录、混"全流程音频，结合多声道全景声空间音效制作技术，支持市场各类 MV、影视、品牌宣发等场景使用。

6. XR 内容生产应用

XR 内容生产应用是整合全息扫描、3D 建模、实时渲染、虚拟追踪等影像前沿技术，融合数字 IP 及 AI 数字孪生虚拟人等能力，通过计算机技术和智能设备实现虚实结合的沉浸式交互体验。

产品体系可分为 VR 应用、AR 应用、XR 应用及数字孪生等，可应用于 VR/AR 展厅或营业厅、AR 景区互动、XR 发布会、景区/机房数字孪生等场景。

四、元宇宙行业应用实践案例

1. 文体元宇宙："安未希"助力冬奥会

2021 年 9 月，超写实数字人"安未希"正式推出，进行虚拟数字人的商业化发展摸索。2022 年初，开元工作室推出"安未希"冬奥系列与拜年视频彩铃等，深受用户们的喜爱："安未希"化身运动健将，在"冬奥主题视频彩铃专题"中展示冰球、冰壶、短道速滑、单/双板滑雪等冬奥会比赛项目，一展飒爽英姿，为 2022 年北京冬奥会献礼。"安未希"冬奥系列视频彩铃设置用户数约 4 850 万户，播放次数近 1 亿次。

2022 年，艾媒咨询重磅发布了"2022 年中国虚拟人创新势力奖",虚拟数字人"安未希",获得了"最受欢迎虚拟代言人"的奖项。

2. 文旅元宇宙:2022年"广府庙会元宇宙"

依托杰出的数字建模与虚幻引擎技术,由广州市越秀区文广局主办的"广府庙会元宇宙"携手联通在线沃音乐数字人——"伊侬"打破时空界限,在虚实交融、包罗万象的空间里,赏非遗、玩游戏、品美食、逛展览、看展演,体验一场文化盛宴。

2022年"广府庙会元宇宙"项目,打破疫情期间的时空壁垒,推出云游庙会活动,7天参与人次突破180万。

3. 媒体元宇宙:虚拟数字人直播

虚拟主持人"安安"和广东广播电视台携手直播赣深高铁开通仪式,实现虚拟与真实主持人互动,在元宇宙直播间带领观众打卡。直播期间观看人次达12万。

在广东电视台举办的2022年大湾区粤港澳台青年春晚上,联通在线沃音乐虚拟数字人"伊侬"作为开场歌手和主持人与观众见面,并进行合唱、朗诵等表演,在线观看人次超9 600万。

4. 文创元宇宙:四川文旅IP"安逸熊猫"

通过3D建模技术和3D视频技术,为四川文旅IP——"安逸熊猫"打造裸眼3D宣传片,同时提供视频彩铃大数据精准宣推投放、IP衍生品开发运营系列服务,提升"安逸熊猫"IP知名度,塑造城市文旅立体形象。

四川文旅IP"安逸熊猫"运营项目,线上视频彩铃总曝光超2 000万次。

5. 乡村元宇宙：美丽乡村万里行

虚拟数字人"伊依"作为广东省农业农村厅"美丽乡村"数字推广大使，通过虚拟现实技术，第一站在广东湛江徐闻县曲界镇的菠萝田里，宣传"菠萝的海"直播营销战队和美丽乡村万里行主题纪录片《乡·脉》，帮助当地农产品广开销路。

6. 文博元宇宙：四川博物院VR馆项目

通过专业的VR扫描设备，对实地展馆进行1∶1复刻采集，通过云端VR引擎实现画面拼接，集中展示了中国工农红军在四川留下的那些具有代表性的标语，让游客线上感受革命情怀，进一步提升博物馆展览水平和服务品质。

第七章

元宇宙工程的建设与实施

2021年被称为"元宇宙元年",元宇宙在人类发展历史中的序幕已经拉开,可以预见大量的元宇宙产品或服务即将诞生,未来社会一定需要虚拟与现实交织以及"身临其境""高度沉浸"的大量新型的产品或应用。

最核心的问题是"元宇宙"如此之新,大部分人理解其概念都尚有困难,更不要指望能够娴熟、准确地策划和构建元宇宙的新应用了。但这也正是一个前所未有的机会,如果能通过系统的学习,掌握这项极其难得的技能,那么,构建元宇宙世界也就不再困难了。

从本章开始,我们将对元宇宙理论进行沉淀、梳理、升级,扩展到"构架元宇宙的理论和实操""各行各业如何实现元宇宙化""应该怎么开始元宇宙""如何设计和搭建符合业务需求的元宇宙""发展元宇宙的过程中应该注意些什么""如何处理现有业务和未来业务的关系"等。

第一节　元宇宙的设计师与架构师

一种新的职业即将诞生——元宇宙的架构师，当然也可以称其为元宇宙设计师、元宇宙策划师或元宇宙产品经理等。为方便讨论，后文我们将其统称为元宇宙架构师。

元宇宙架构师是未来新型元宇宙产品或应用的核心策划者。尤其是在当下，元宇宙架构师是极度紧缺的人才，因为懂元宇宙的人本就不多，真正理解深刻，而且又懂技术、产品和各种应用（服务）的全面型人才更是少之又少。

设计元宇宙要做的事情非常多，相当于在当前世界建立虚拟世界和增强系统，涉及的学科、领域、行业非常繁多，夸张一点说就是再造一个小世界。设计师需要拥有的技能也不一而足，"懂技术的艺术人""懂艺术的技术人""特会玩的评论家""懂产品的想象大师"等都是具体的表现，如果具备这样的潜力，才可能是未来人才市场上最稀缺和最"吃香"的。

PC互联网作为早期互联网，是由技术驱动的，因为在技术匮乏的时代，早期的移动互联网受限于网速、技术、算力。移动互联网的下半场，新的需求将不断产生，软硬件飞速发展，需求驱动和创意驱动成为可能。在未来的元宇宙时代，创意驱动、技术驱动、需求驱动将同时存在，并能够发挥巨大的推动作用（见表7.1）。

表 7.1 元宇宙时代驱动方式的变化

网络形态	PC 互联网	移动互联网	元宇宙
驱动方式	技术驱动	技术驱动 需求驱动 创意驱动	创意驱动 技术驱动 需求驱动

技术是最底层的根基,在底层技术足以支撑业务实现的情况下,往往需要的是创意和需求,这样数字文明才能不停向前发展。目前,除了脑机接口,其他大部分技术其实是成熟或基本成熟的,元宇宙时代即将为策划与创意方面的架构师、设计师、产品经理带来新的机会。

以前企业招聘设计师,更多会关注对方的技术掌握程度。最初设计师只需要知道 PC 最基本的操作、基础框架;移动互联网时代就变成了需要掌握安卓系统、iOS 系统等的应用,以及作为游戏设计师,能否把想法有趣地表达出来。但在元宇宙时代,带来的是输入设备的多样性。同样一个软件,往往需要满足 PC 端、移动端、手柄、VR 多端的操作,这种终端多样性的背后,可能就需要大量的设计师为我们优化不同设备的交互体验,以保证体验的一致性。

第二节　构成元宇宙体系的七大模块

元宇宙是一个特别庞大、复杂的体系，而它更像是整个人类的一场运动，可能会持续很长时间，对社会、经济、商业、生活、娱乐、教育等方方面面都会产生巨大的影响。Beamable 公司创始人乔·拉多夫（Jon Radoff）从结构化方向上，提出"元宇宙"的"七层价值链条"，下面将对此分别进行阐述。

体验层	游戏、社交、电子竞技、剧场、购物
探索与发现层	广告网络、推荐算法、排名系统、应用商店
创造者经济层	设计软件、资产市场、工作流、商业经济
空间计算层	3D可视化引擎、VR/AR/XR、多任务UI、空间映射
去中心化层	边缘计算、人工智能代理、微服务、区块链
人机交互层	手机、智能眼镜、可穿戴设备、震动反馈、手势识别、语音控制、神经连接
基础设施	5G、Wi-Fi等通信技术、云计算、新材料、芯片设计等软硬件技术

图 7.1　元宇宙的七层价值链条

一、体验层

许多人认为元宇宙就是围绕着我们的三维空间，但实际上元宇宙既不是 3D 也不是 2D 的，甚至不是具象的——元宇宙是对现实空间、距离及物体的"非物质化"（Dematerialization）表达。元宇宙包括《堡垒之夜》这样的 3D 主机游戏、*Beat Saber* 这样的 VR 头戴设备游戏，以及 PC 上的《罗布乐思》。它还包括厨房里用的 Alexa、虚拟办公室里的 Zoom 和手机上的 Clubhouse，以及家庭健身房里的 Peloton。

当物理空间去中心化之后会发生什么？以前稀少的体验会大量出现，游戏业已经向我们展示了前方的道路：在一款游戏里，你可以成为摇滚明星、绝地武士、赛车手或者任何能想象的角色。想象一下，当你把这些应用到更熟悉的体验当中会发生什么？比如，在物理空间举办的音乐会只能高价卖出前排的少数座位，但虚拟音乐会可以在每个人的周围产生一个个性化的平面，在这个平面上，你总能找到最好的座位。游戏将继续进化，提供更多包含现场娱乐信息的活动，比如已经在《堡垒之夜》《罗布乐思》和 Rec Room 里出现的音乐会和沉浸式剧场。

电竞和在线社区将被社交娱乐所增强，与此同时，像旅行、教育和现场表演这样的传统行业将以游戏思维和富足的虚拟经济方式被重塑。以上提到的生活场景要素会引出元宇宙体验层的另一面——内容社区复合体。

过去，消费者只是内容的消费者，现在，他们既是内容的创造者，又是内容的"放大器"。过去，当提到博客评论或者视频上传等常见功能的时候，就已经有了用户生成内容（UGC）的概念。如今，内容并不仅仅是由人们生成的，它从内容的互动中来，并提供给他们具有实质性的社区。内容可以再次产生内容，由内容、时间和社交互动构建虚拟飞轮。当我们谈到未来的沉浸感时，我们所说的不仅是图形空间或者故事世界中的沉浸，还包括社交沉浸以及它引发的互动和推动内容的方式。

同时，旅游、教育和现场表演等传统行业也将以游戏化的思维围绕着虚拟经济进行重塑。

当我们在未来谈论"沉浸感"时，我们所指的不单是三维空间或叙事空间中的沉浸感，还指社交沉浸感及其引发互动和推动内容产出的方式。

二、探索与发现层

主要聚焦于如何把人们吸引到元宇宙，无论何种体验最终都需要用户来感受和使用。元宇宙是一个巨大的生态系统，其中可供企业赚取到丰厚的利润。广义上来说，大多数发现系统可分为两种：主动发现机制，用户积极寻找相关体验的信息，即用户自发找寻；被动输入机制，并非用户主动需求的营销，即在用户并无确切需求而发起选择的情况下推荐给用户。

（一）主动发现机制

主动发现机制往往是指用户主动寻找自己喜欢的应用和内容，这就涉及应用商店和内容分发。

（二）被动输入机制

接下来我们将聚焦发现层的几个构成要素，这些要素对元宇宙来说至关重要。

首先，社区推动内容相比大多数常规市场营销是一个效率极高的手段。当人们真正在意内容或者他们所参与的活动时，他们就会对此口口相传。因为内容本身变得更容易在更多元宇宙情境中被交换和分享，内容本身也将成为一种营销资产。一个已经出现的案例是NFT：不论你是否喜欢，它的两个关键优势在于，可以更容易地提供去中心化交易场所，提供更有利于创作者参与的经济。作为一种曝光方式，市场内容将成为应用市场的替代选择。

浏览社区的一种主要形式就是实时显示。实时显示功能不只是关注，而是聚焦当下人们的动向——这在元宇宙当中是相当重要的，元宇宙的很大一部分价值体现在共有体验上，即与玩家之间的双向互动。一些游戏平台的机制体系就充分利用了实时显示的功能，像Steam、Xbox Live 和Play Station 这些平台可供玩家查看好友最近在玩的游戏。抛开游戏来说，Clubhouse 为我们提供了这个架构之下的可能性：你所生成的关注列表很大程度上决定了你会加入的房间。

正如我们正在使现实世界"非物质化"一样，元宇宙也在将社会结构数字化。

虽然互联网早期阶段是由社交媒体对少数供应商的"标签"决定，但去中心化的身份生态系统将把权力转移给社交群体本身，让他们可以在集体活动中自由移动。在Clubhouse 平台组建俱乐部、在Rec Room 计划派对、在游戏之间转移公会，或一群好友在《罗布乐思》切换体验，这就是内容社区综合体在营销层面的意义。

跨越元宇宙多个活动的实时呈现探测是创作者获取最大曝光率的机会之一。Discord 有一个在不同游戏环境间运行的呈现检测SDK，一旦它（或类似东西）被更广泛地采用并被大众认可，我们就会越来越快地从异步社交网络过渡到实时社交网络，给社区领导者提供工具，来展开人们真正想参与的活动，并得知未来的发展方向。

三、创作者经济层

不仅元宇宙里的体验会变得更有沉浸感、社交性和实时性，打造这些体验的创作者数量也会呈爆发式增长。这一层包括了创作者每日用来创作体验以让人们享受的所有技术。

此前的创作者经济模式将会以同样的方式发展——无论是在元宇宙、游戏、网页开发领域还是电子商务领域。

探索时代：第一个打造特定技术的人是没有工具可用的，所以所有东西都是从零开始的。第一个网站是直接在 HTML 上敲代码完成的，程序员直接给游戏写图形硬件。

工程师时代：在一个创意市场，初期成功之后，团队数量就会呈爆发式增长。从零开始打造对支持需求而言就会变得太慢、太昂贵，工作流程就会过于复杂。市场最早的工具可以提供 SKD 和中间件节约时间的形式减轻工程师们的负担。比如 Ruby on Rails（和大量的应用服务器堆栈）让开发者们更容易创造数据驱动型网站。在游戏里，OpenGL 和 DirectX 为程序员们提供了渲染 3D 图形的能力，哪怕他们不知道低级代码是何物。

创作者时代：最终，设计师和创作者不希望编程瓶颈降低他们的速度，程序员们更愿意将他们的能力用到一个项目的特别之处。这个时代最大的特点，就是创作者数量的大爆发。创作者们有了工具、表格和内容市场，将自下而上、以代码为中心的过程重新定义为自上而下、以创意为中心的过程。

如今，哪怕你一行代码都写不出来，也可以在淘宝开一个网店，在 Unity 和 Unreal 这样的引擎里，哪怕不知道底层渲染，也可以打造 3D 图形，因为这只需要通过视觉化界面就可以做到了。

元宇宙里的体验会越来越现场化、社交化，并持续更新。到目前为止，元宇宙里的创作者都围绕 Rec Room 和 Manticore 等集中式平台，在这些平台上，有一整套集成的工具、曝光率、社交网络和变现功能，赋予了许多人为其他人打造体验的能力。

四、空间计算层

空间计算层提出了混合的真实与虚拟计算，它模糊了物理世界和理想世界之间的界限。在可能的情况下，空间中的机器与机器中的空间应该是相互流通的。有时候这意味着将空间带到计算机里，有时候这意味着为物体注入计算能力。大部分情况下，它意味着设计突破了传统屏幕和键盘界限的系统，而不是被滞留在那里，并融入界面或进行温和的模拟。

空间计算已经发展成为一大类技术，使我们能够进入并操纵 3D 空间，并以更多的信息和体验来增强现实世界。我们将空间计算软件从启用硬件层分离出来，这部分将在下面的"人机界面"中详细说明。软件的关键方面包括：显示几何体与动画的 3D 引擎（Unreal 和 Unity）；测绘和理解内外部世界，即地理空间制图（比如 Niantic Planet 级别的 AR 以及 Cesium）和目标识别；语音与手势识别；来自设备的数据集成（互联网）和来自人类的生物识别技术（用于识别目的以及监测自己健康的应用）；支持并发信息流和分析下一代用户界面。

五、去中心化层

元宇宙的理想结构与《头号玩家》里的绿洲相反。在后者中，它是由单一团体控制的。当选择被最大化之后，系统是可以互操作的，并且可以建立在竞争激烈的市场中，创作者对自己的数据和作品拥有主权。

去中心化最简单的例子是域名系统（Domain Name System，DNS），它将单个 IP 地址映射到名称上，避免人们每次上网的时候都要输入一大串数字。

分布式计算和微服务为开发者们提供了一个可扩张的生态系统，使他们能够利用在线功能（包括从商业系统到专业化 AI 以及各种游戏系统），无须再专注于构建或接入后端功能。

区块链技术解决了金融资产集中控制和管理的问题，在去中心化金融（DeFi）中，我们已经看到了连接金融模块形成新应用程序的案例。随着 NFT 和针对游戏与元宇宙体验所需的微交易进行优化的区块链的出现，我们将看到围绕去中心化市场和游戏资产应用的创新浪潮。

"边缘"计算将使云更接近我们的家庭，甚至可以应用到汽车上，以便在低延迟的情况下支持强大的应用程序，无须我们的设备负担所有的工作。计算能力将变得更像电网上的实用程序（与电力一样），而不是像一个数据中心。

六、人机交互层

计算设备离我们的身体越来越近，似乎要把我们变成"电子人"，如同人工智能题材互动电影游戏《底特律：变人》中的仿生人小姐姐克洛伊。

智能手机不再是简单的手机，它们将是高度便携的、始终连接的、强大的计算机。智能手机只会变得越来越强大，随着微型化、正确的传感器和嵌入式 AI 技术以及对强大的边缘计算系统的低延迟访问，它们将承载元宇宙越来越多的应用和体验。

本质上来说，Oculus Quest 就像是一个被重构成 VR 设备的智能机，这种束缚的解除让我们对未来的发展有了总方向。再过几年，Quest 2 应该会让人想起曾经的"板儿砖"，也就是几十年前的手机。很快，我们就可以看到可以运行智能机的所有功能，以及 AR 和 VR 应用的智能眼镜。除了智能眼镜，越来越多的行业正在尝试新的方法，让我们与机器的关系更紧密：融入时尚和服装的3D打印可穿戴设备；微型生物传感器，有些甚至可以印在皮肤上；甚至或许会有适于接入消费者神经系统的接口。

七、基础设施

基础设施层包括支持我们的设备，以及将它们连接到网络并提供内容的技术。

5G网络将大大提高带宽，同时降低网络占用与延迟。6G将使网络速度提高到另一个数量级。

要实现下一代移动设备、智能眼镜和可穿戴设备所需的无束缚功能，就需要越来越高性能和微型化的硬件：制作工艺精准到3纳米甚至更微小的半导体，可实现微型传感器的微机电系统和更紧凑、续航时间更长的电池。

第三节 创建元宇宙的科学方法论

创造元宇宙体系是极具挑战性的，截至 2022 年 1 月中旬，在全世界范围内，都没看到任何一篇系统、完整、详细、深度地介绍如何构建元宇宙产品（服务）的文章。

这并不难理解，因为"元宇宙"这个概念实在太新了，"元宇宙"概念在我国出现的时间不长，目前市面上所有与元宇宙相关的书籍都是对元宇宙进行科普的，因而构建元宇宙体系是极具难度的。

一、元宇宙构架的元宝树法则

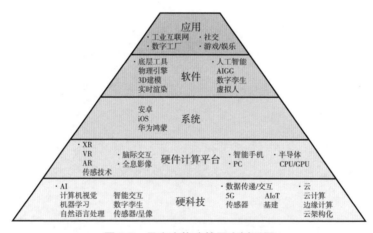

图 7.2 元宇宙构建的元宝树形图

元宝树（即三角形）法则，是一种从目标需求（目标体验）出发的，通过不断关联、连接各个层中的关键技术、要素，多个部门介入，共同论证和探讨，反复打磨完成的系统工程（见图7.2）。可能涉及局部施工、局部测试、关联测试等。

（一）用户（客户）需要什么样的互动（体验）

UI（User Interface），也就是用户界面，从本质上讲，就是连接用户和机器的事物。在当下，所指的是一块屏幕，将来可能会有更多种不同的形式，比如VR、AR、全息成像、投影、裸眼3D等（见图7.3）。

通常而言，设计师们能在这块"屏幕"上有多大的发挥空间，取决于这个屏幕能够支持的现实图像质量和反馈方式，当然更取决于设计师的架构能力。从小灵通、寻呼机、VGA15英寸显示器，到现在的2K AMOLED超视感屏、智能手表、VR眼镜、98英寸超薄液晶人工智能电视机，用户体验和软硬件终端已经实现了翻天覆地的改变。

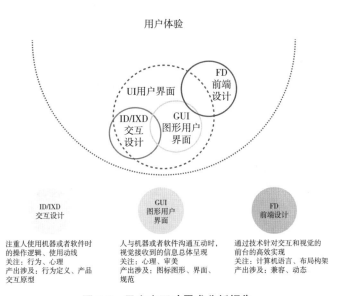

图7.3 元宇宙互动需求分析报告

我们谈到构建元宇宙产品或服务时，首先要有明确的用户（客户）需求，可以通过与用户（客户）沟通来获取关键的线索和信息，但是用户（客户）往往只能从普通人感性的角度来形容和做出描述。而专业的元宇宙产品（服务）开发团队，往往需要的是产品经理或者设计师的专业需求分析报告。

（二）从需求倒推构建元宇宙的例子：沙滩排球

排球是一项深受人们喜爱的运动，假设一家排球场的生意非常好，来这里玩的人经常需要候场排队，排球场的老板计划将候场区划分为六个区域，每个区域都安装液晶显示器，并找 IT 公司部署了一个"元宇宙应用"，那就是"虚拟沙滩排球"。IT 公司的小张作为一名元宇宙架构师，搞清了该排球场的业务需求，开始思考和规划如何满足排球场老板的需求。小王的构想可能有以下几种：

1. 这显然是一个体感游戏。体感游戏是用身体去感受的电子游戏，是一种通过肢体动作变化来进行（操作）的新型电子游戏。

2. 体感游戏通常有两个方向，一是不依赖于昂贵的动作捕捉设备的轻度体感游戏，二是配合沉浸式游戏设备的重度玩法。

3. 至今，全世界在体感技术上的演进依照体感方式与原理，主要可分为三大类：惯性感测、光学感测以及惯性与光学联合感测。

4. 可以配合 VR 眼镜或头盔实现更加"身临其境"的运动，但是会增加成本，而且 VR 设备会隔断现实，可能发生伤人或者碰撞事件。

5. 最好有虚拟人或者虚拟化身，顾客玩的时候可以看到虚拟角色和自己在同步运动。

6. 需要计算各项软硬件部署的实施成本、人员成本、税务、交通等各项开支。

类似这样的构想还有许多，在此就不再一一列举了。综合以上这些，就是非常典型的构想，从对元宇宙的需求理解，再到根据自身的专业知识和经验，为客户提供专业的解决思路和方案。

二、元宇宙工程

元宇宙本质上是由软件和硬件组成，按照人的意图和计划进行部署和实施的，满足人类特定需求的产品或服务。这种产品或服务一定是（或者曾经是）有价值的，就像网站、软件和手机 App，都是有（或者曾经有）价值的。

工程的定义为"以某组设想的目标为依据，应用有关的科学知识和技术手段，通过有组织的一群人将某个（或某些）现有实体（自然的或人造的）转化为具有预期使用价值的人造产品的过程"。

"元宇宙工程"是将"元宇宙"和"工程"组合起来，其意思就显而易见了。

（一）定义元宇宙工程

元宇宙工程是将系统化的、规范化的、可量化的方法应用于元宇宙的开发、运行和维护，即将工程化的方法应用于元宇宙项目。元宇宙工程是一种层次化的技术。

任何工程方法必须构建在质量承诺的基础上，支撑元宇宙工程的根基在于质量关注点。

元宇宙工程的基础是过程。元宇宙过程将各个技术层次结合在一起，使合理、及时地开发出元宇宙成为可能。过程定义了一个框架，构建该框架是有效实施元宇宙工程技术必不可少的。元宇宙过程构成了元宇宙项目管理控制的基础，建立了工作环境以便于应用技术方法，提交工作产品，保证质量及正确的管理。

元宇宙工程方法为构建元宇宙提供技术上的解决方法，一般将整个过程分为五个环节，即沟通、需求分析、程序构造、测试和技术支持。元宇宙过程方法依赖于一组基本的原则，这些原则涵盖了元宇宙工程所有的技术领域，包括建模活动和其他描述性技术等。

元宇宙过程工具为过程或方法提供了自动化或半自动化的支持。这些工具可以集成起来，使一个工具产生的信息可以被另外一个工具使用，这样就建立了元宇宙开发的支撑系统，即计算机辅助元宇宙工程。

（二）元宇宙工程实践

1. 实践的精髓

理解问题：谁是利益相关者，哪些数据、功能和特性是解决问题所必需的，是否可以描述为更小、更容易理解的问题，是否可以建模分析。

策划方案：在潜在的解决方案中，是否可以识别一些模式，是否已经有项目实现了所需要的数据、功能和特性。解决方案所包含的元素是否可以重复使用。能否构建出设计模型。

实施计划：源码是否可以追溯到设计模型（解决方案和计划是否一致）。设计和代码是否已经过评审，或者采用更好的方式，算法是否经过正确性证明。

检查结果的正确性：是否实现了合理的测试策略，是否按照项目利益相关方的需求进行了确认。

2.通用原则

存在价值：一个元宇宙系统因为能为用户提供价值而存在价值。

保持简洁：尽可能简洁但不过于简化。有助于构建更易于理解和维护的系统。

保持愿景：保证系统始终与愿景保持一致。

关注使用者：通常元宇宙系统由开发者以外的人员使用、维护和编制文档。

面向未来：适应各种变化。

提前计划复用：可以降低开发费用，并增加可复用构件以及构件化系统的价值。

认真思考：必须是深思熟虑，极其认真地对待，切不可只停留在浅层面。

3.通用过程模型——瀑布模型

线性工作流方式通常发生在需要对一个已经存在的系统进行明确定义的适应性调整或是增强的时候，也可能发生在极少数的新的开发工作上。但需求必须是准确定义和相对稳定的。

瀑布模型遵守之前我们提出的"元宝树法则"，可称为经典的实施和开发策略，是一种系统的、有序的元宇宙开发方法（见图7.4）。

为项目提供了按阶段划分的检查点。前一阶段完成后，只需要关注后续阶段。可在迭代模型中应用瀑布模型，它提供了一个模板，这个模板使得分析、设计、编码、测试和支持的方法可以在该模板下有一个共同的指导。

缺点：各个阶段的划分完全固定，阶段之间产生了大量的文档,极大地增加了工作量。

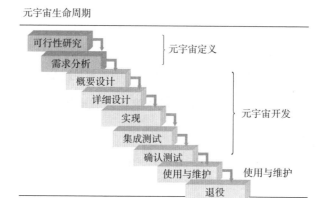

图 7.4 瀑布模型

4. 通用过程模型——增量过程模型

增量过程模型,即前面所提到的先开发出系统的核心功能,再依据重要性评估交付新添的增量,直到最终产品的产生(见图 7.5)。

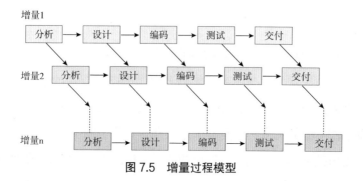

图 7.5 增量过程模型

5. 通用过程模型——螺旋模型

螺旋模型在瀑布模型的基础上增加了风险分析,同时迭代式地开发出了一系列的演进版本。螺旋的中间就是项目的起点,螺旋式地进行着五个框架活动,一直进行到螺旋最外圈。螺旋模型是开发大型元宇宙系统的实用方法,而且像这种螺旋系统是没有终点的。因为大型系统需要不停地进行更新迭代,不然很快就会被时代淘汰(见图 7.6)。

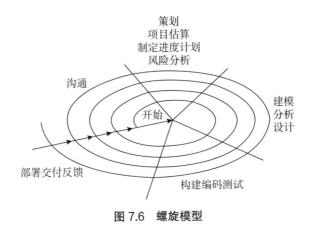

图 7.6 螺旋模型

6. 元宇宙实施的常规步骤

策划:策划阶段就是要做出整个元宇宙系统的"设计地图",有了地图我们才能将旅程变得简单而且易于掌握。这个地图就是元宇宙项目的计划,包括需要执行的技术任务、可能存在的风险、需要用到的资源、整个项目的工作进度等。

建模:顾名思义,就是建立元宇宙设计的模型。最初的草图包括整个项目的体系结构、不同的组件模块之间怎么连接,以及其他的一些特性。经过讨论与设计,最后对草图进行精简,得到每一个功能模块的具体类与接口,这样即使设计团队有人员更替,也能根据设计模型以及各种 UML 图游刃有余地进行编码,这也是要有一个设计图的原因之一。

构建:建模成立以后,我们就可以进行编码了。有了设计图,编码当然也就不再困难。但是必须注意编码的时候要不断地进行冒烟测试(一种频率非常高的测试模式)。如果离项目的验收期限非常近了,还可以进行敏捷开发(一种团队集中在一起进行高强度、

元宇宙工程

高效率的开发方式）。

　　部署：元宇宙开发完成后，就可以交付给用户了。将其部署在用户端，用户将对它进行评测并给出反馈意见。

三、构建元宇宙的三大核心技术

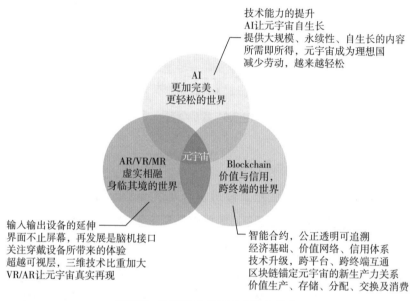

图 7.7　构建元宇宙的三大核心技术

　　目前来看，元宇宙还处于初级阶段，并且在未来几年，可能还将持续这种初级的状态。初级的元宇宙，创新主要来自虚拟现实、人工智能、区块链这三种关键技术。当然，其他各种技术依旧很重要。

　　深刻理解三种技术——虚拟现实、人工智能、区块链，才有可能创新和设计出更好、更实用、更有价值的元宇宙体系。

（一）引入人工智能

人工智能英文为 Artificial Intelligence，缩写为 AI，它是研究、开发用于模拟、延伸和扩展人的智能的理论、方法、技术及应用系统的一门新的技术科学。该领域的研究包括机器人、机器学习、语言识别、图像识别、控制系统、仿真系统、自然语言处理和专家系统等。AI 将使机器能够胜任一些通常需要人类智能才能完成的复杂工作。

1. 提供大规模、永续性、自生长的内容

AI 让元宇宙自生长——大家可能很难理解这句话，其实本质上的意思是 AI 可以创造。AI 可以无休止创造，创造文学、视频、游戏、图片、算法等，有了 AI，相当于我们的网络世界被无限延展了。游戏的发展历史就能说明问题。让我们先看一下游戏的发展趋势和规律。

PC 互联网时代的爆款游戏很多是以剧情为导向的。比如 20 世纪 90 年代有一款很经典的游戏叫《仙剑奇侠传》，刚开始带给用户的探索感会比较强，因为在游戏中你不知道接下来会发生什么事情。但这种游戏存在局限性，一是剧情都是固定成型的，你没有办法改变它；二是随着用户对剧情的熟悉，会慢慢对它产生耐受性，进而失去兴趣。

同时，这样的 PVE（PVE 即 Player VS Environment，玩家的对战环境，指在游戏中玩家挑战游戏程序所控制的怪物和"大 Boss"）模式有一个巨大的问题，即玩家对内容的消耗过快。十几个人的团队辛苦一年才做出的成果，可能用户不到一个小时就体验完了。

PC 时代长期运营的爆款游戏，都是类似《魔兽争霸》《帝国时代》《红色警戒》等即时战略制（RTS）游戏。因为"与人奋斗，其

乐无穷",玩家之间的对战往往会更具可玩性。

移动互联网时代便捷了玩家与玩家之间的连接,将"与人奋斗其乐无穷"这个优势发扬光大。用户的选择变多了,注意力也不容易集中在某一款软件或者游戏上。大家会发现,真正能够长久运营的游戏都是采用玩家对战玩家的游戏模式(Player VS Player,PVP),比如《王者荣耀》《和平精英》这些采用与人对战模式的游戏。

比PVP模式更先进的是什么呢?就是我们前文提到的罗布乐思模式,即平台仅提供开发环境和工具模块,用户自己创造游戏,用户自己玩。

AI是一种比以往的互联网更高级的模式。同样的道理,元宇宙架构师要学会使用AI,让AI参与到创作中。

2. 所需即所得,元宇宙成为理想国

大部分人总是追求安逸的,这是人性使然,互联网的发展历史就是让人"更爽"的历史。作为元宇宙架构师,要清楚地意识到这一点,人们之所以对元宇宙充满期待,是因为元宇宙可以让人感到"更爽"!

最好的元宇宙产品或服务,一定是能够增加每个人的利益总量,让大家都觉得这是对的。如果一个产品(服务)减少了某个人的利益总量,那就是在为产品(服务)减分,利益总量被减得越多,那么该元宇宙产品(服务)的分数越低,就越不被人喜欢。

批评家可能会站出来指责,AI会让人越来越懒,让人变得只会享受。其实,AI也会让社会越来越高效。还有一点,智能生活、智能家居以及让人"更爽"的元宇宙需要人拥有足够强的经济基础,才能享受这些。这就使得懒人也必须工作,只有更加优秀的人才能享受人工智能,AI让优秀的人更高效,而懒人只有先努力,才有资格通过AI变"懒"。

3.元宇宙架构师需要深刻理解 AI

AI 等算法的进化使得游戏内容的生产更加高效，且可以做到低成本多端同步，降低了以往游戏内容的制造成本。

AI 无疑将是元宇宙的关键。它将有助于创造一个互联网环境，在那里，人们的创作欲望得以实现。我们也很有可能习惯于与 AI 分享我们的元宇宙环境，这些 AI 机器人将帮助我们完成任务，或者当我们想放松时，与我们一起娱乐。

（二）区块链构建元宇宙底层经济系统

1.区块链的基本知识和主要特点

从本质上讲，区块链是一个共享数据库。一般而言，区块链具备以下特点。

去中心化：由众多节点共同组成的一个端到端的网络。没有中心化设备、管理机构和中介。所有节点的权利和义务都相等，任意一个节点停止工作都不会影响系统整体的运作。

去信任化：系统中所有节点之间无须信任也可以进行交易。数据库和整个系统的运作是公开透明的，在系统的规则和时间范围内，节点之间无法欺骗彼此。

可靠数据库：通过分布式数据库，参与节点都可获得完整数据库拷贝。单个节点对数据库的修改无法影响其他数据库，除非整个系统中超过 51% 的节点同时修改。

区块链是三大技术支柱之一，可以提供分散的结算平台和价值传递，也可以实现规则确定的执行机制，保证其价值归属和流通，从而实现经济体系的高效、稳定。区块链技术可以解决平台的分散价值传递和合作问题，以及分散平台的垄断问题。

2. 区块链在元宇宙中的价值体现

（1）支付和清算系统

区块链的基本特征包括不易篡改、公开透明、P2P 支付等。在元宇宙中，经济系统将成为其实现大规模持久运行的关键，而区块链技术由于其天然的"去中心化价值流转"的特征，将为元宇宙提供与网络虚拟空间无缝契合的支付和清算系统。此系统能保障系统规则的透明执行，并能大幅减少可能存在的腐败和暗箱操作等违法、违规的行为。

为了创建一个名副其实的元宇宙，而不是一个独立的 3D 空间合集，平台需要具有互操作性和无缝性。支付必须是安全、无摩擦和即时的，并且无论你在元宇宙的什么地方，都能够保留和使用自己创建的资产（如你的定制头像）。

（2）智能合约部署

区块链能实现元宇宙的价值交换。由于区块链网络本身的公开透明特性，使得智能合约具有自动化、可编程、公开透明、可验证等卓越特性，从而无须第三方验证平台即可进行链上可信交互。如果将元宇宙中的金融系统构建于区块链之上，就可以利用智能合约的特性将契约以程序化、非托管、可验证、可追溯、可信任的方式进行去中心化运转，从而大幅降低金融系统中可能存在的寻租、腐败和暗箱操作等有害行为，可广泛应用于金融、社交、游戏等领域。

（3）数字资产及 NFT 非同质化代币

NFT 的最大特征在于兼具不可分割性和唯一性，因此非常适合对具有排他性和不可分割性的权益和资产进行标记，并可以实现自由交易和转让。

区块链可以使元宇宙里的数字物品成为真实的资产。比如在区块链里大火的 NFT 将成为元宇宙中新的价值承载物，为元宇宙中的稀有属性、稀有资产提供证明和确权，从而实现数据内容的价值流转。通过映射数字资产，使用户在元宇宙世界里的装备道具、土地产权等都会有可交易的实体。可以将区块链上的哈希记录作为虚拟资产的凭证，这就相当于我们的身份证，可保证它的独特性。

（4）区块链综合服务元宇宙

区块链是元宇宙的可信底层构建关键技术。区块链的哈希算法及时间戳技术为元宇宙用户提供了底层数据的可追溯性和保密性。共识机制可以解决信用问题，利用去中心化的模式实现网络各节点的自证明。分布式网络构成了整个经济系统运行的核心基础和支撑。也就是说，区块链既是元宇宙的基础设施，也是元宇宙经济系统的基础，能更好地保障用户虚拟资产和虚拟身份的安全。

3. 确权、个性化、极大的买方市场和卖方市场

（1）确权会导致强烈的个性化

区块链会频繁使用加密技术，给数字资产确权就是加密技术的功劳。每一个节点都会生成属于自己的私钥，这个私钥是利用 ECC 加密技术生成的一个随机数。如果这个节点拿自己的私钥给某个刚生成的比特币签名的话，那么这个比特币就属于这个节点，就像我们得到了某个房产的房产证，就这样对这个比特币确定了所有权。接着这个私钥会生成一个公钥。因为公钥太长，为了方便使用，所以公钥又生成了一个地址，这个地址就是用来存储比特币的。每个地址都是唯一的，所以比特币也就有了唯一性，不可被重复生成。

确权很重要，区块链是确权的，你的东西就是你的，在整个元宇宙，你的资产就是你的资产，其他第三方是无法剥夺或者拿走的。正是由于"绝对"确权，所以每个人都敢花费，也愿意花费，

诞生了"个体的存在感，以及……数据的连续性"。你在网上"生活"的时间越长，你的个人"皮肤"就越重要。即使是最基本的像素艺术也会与个人身份紧密联系在一起，正如人们对加密朋克（CryptoPunks）的热情，其所有者经常说，他们觉得自己与其Punk紧密相连。

事实上，无论是随机生成的还是精心设计的，NFT让人们更有可能在线表达个性。用户在虚拟世界中选择的虚拟服装和配饰将有助于让每个人对自己的在线身份感到真实，并加深他们的参与感。

时尚和艺术是现实世界中自我表达的重要方式，在元宇宙中亦是这样。

（2）巨大的买方市场和卖方市场

NFT可以连接虚拟和现实，使虚拟世界中的万物和现实世界中的万物形成准确、有序的对应关系。如果没有区块链，元宇宙可能永远是一种游戏形式，但区块链架起了虚拟和现实的桥梁，使虚拟世界成为平行宇宙。

区块链为元宇宙提供底层经济系统。NFT连接虚拟和现实，数字资产可以确权和流通，这将形成巨大的市场。元宇宙世界会像现在的互联网世界一样，拥有巨大的买方市场和卖方市场。最重要的一点，这里买卖的可能是"前所未有"的商品。

元宇宙，这个建立在区块链之上的虚拟世界，去中心化平台，让玩家拥有所有权和自治权。通过沉浸式的体验，让虚拟更接近现实。目前虚拟世界的项目包括The Sandbox、Decentraland、Somnium Space、Dream Card、Axie Infinity和Cryptovoxels等。其中前两个项目发展相对比较成熟。The Sandbox由Pixowl于2011年推出，通过引入SAND实用代币，允许用户以游戏的形式创建、构建、购买和销售数字资产。Decentraland是一个由以太坊区块链支持的虚拟现实平台，以MANA为代币，允许用户创建、体验内容和应用程序，并将其货币化。

一切皆可交易。正如前面提到的,数字时尚正在蓬勃发展,它在 NFT 中有了新的增长机会。设计公司和名人正在将皮肤、服装、发型和宠物转化为 NFT 出售;发行 NFT 就像发行一张意想不到的专辑一样热门。事实上,音乐家和运动员都希望在出售 NFT 资产时有赚取版税的可能性,希望能够创建一种新的产权体系,不受传统经纪人方式的约束。

2021 年 12 月 22 日,新华社发文宣布,将于 12 月 24 日 20:00 通过区块链 NFT 技术发行限量藏品。据介绍,该系列收藏品将精选 2021 年的新闻摄影报道,是我国首套"新闻数字藏品"。首批"新闻数字藏品"预发行 11 张,每张限量 10 000 份。还将推出仅发行 1 份的特别版本,所有藏品均免费上线。

(三)虚拟现实的应用场景

虚拟现实的应用场景非常广泛,虽然不敢说"生活中到处可见",但"不经意间看到"是很正常的,前文列举出了一些应用场景,其实还有很多。比如,航空航天是一项耗资巨大、非常烦琐的工程,所以,人们利用虚拟现实技术和计算机的统计模拟,在虚拟空间中模拟了现实中的航天飞机与飞行环境,使飞行员可以在虚拟空间中进行飞行训练和实验操作,极大地降低了实验经费和实验的危险系数。用 VR 感受影视娱乐已经很普遍,很多科技厂商都有自己的 VR 眼镜,用 VR 眼镜可以看到很多 VR 格式的视频,还可以玩一些 VR 游戏。

虚拟现实技术受到了越来越多人的认可。用户可以在虚拟现实世界体验到最真实的感受,其模拟环境的真实性与现实世界难辨真假,让人如同身临其境;具有超强的仿真系统,真正实现了人机交互，使人在操作过程中，可以得到环境最真实的反馈。正是虚拟现实技术的存在性、多感知性、交互性等特征，使它受到了许多人的喜爱。

除了 VR，后来还有了 AR 和 MR，而且 MR 也不是最新技术，最新的技术是 XR。

元宇宙不会局限于虚拟现实。相反，用户还可以通过 AR 增强现实设备和任何现有的互联网访问设备来访问元宇宙。这就打开了一扇通往各种功能的门，而这些功能单靠虚拟现实技术是无法实现的。例如，AR 的增强现实功能可以把元宇宙的各个方面投射到现实世界中。虚拟空间也将被设计成可以在任何地方访问，而且不需要佩戴 VR 头戴式显示设备。

元宇宙的范围比虚拟现实大得多，虚拟现实技术也应用于教育、治疗和运动领域，但也许它更多是作为一种娱乐方式为人所知。目前，虚拟现实并没有像一些人预期的那样对世界产生重大影响，毕竟人们愿意佩戴头戴式显示设备的时间是有限的。元宇宙将不会出现这个问题，用户无论是否使用 VR 头戴式显示设备都可以访问元宇宙。因此，一些人认为元宇宙产生的影响会比虚拟现实技术大得多。

元宇宙不太可能完全取代互联网，正如 VR 头戴式显示设备是计算机屏幕的一个有限替代品，元宇宙将作为互联网的有限替代品，但是二者无法取代计算机和互联网。

第四节　元宇宙架构师所需的素质和修养

一、博学且深研是元宇宙架构师的基本素质

一个博学且深研的元宇宙架构师看到有人戴着 MR 虚拟现实眼镜，他应该获得哪些关键的信息呢？

1. 这是一款什么型号的 MR 虚拟现实眼镜。如果曾经用过这款眼镜，几乎一眼就能识别出来。
2. 技术人员必须不断地参考查阅文本指导或在线数据，大部分维修任务都会因此而慢下来。AR 技术能够以图表、文本或视频的形式将数据叠加到用户视场中，这意味着工作人员可以专注于眼前，释放他们的双手，从而大大提高效率。
3. 这或许是一个很典型的 MR 应用于维修或者科研的场景。

二、关注业界前沿动态始终保持学习态度

谷歌推出了一款被称为"魔术窗口"的视频对话 Project Starline 系统，现场效果简直就像面对面交流。

与传统视频对话相比，这个系统最大的优势是可以看到屏幕中的 3D 全息投影，即不需要戴任何 3D 眼镜就能看到一种非常真实

的，基本与现场一样的画面，总的来说就是很有立体感，甚至可以触摸到对方。而且Starline允许使用者四处移动，改变角度，以便使用者看到其他参与者。

这项技术利用了计算机视觉、AI智能学习、空间音频、先进的压缩、深度传感摄像头和一个巨大的拥有"光场技术"的显示器。该屏幕允许人们在不佩戴特殊眼镜的情况下查看高分辨率3D图像，深度摄像头确保人们能够多角度地观察参与者，就像在真实地生活。

谷歌采用一种很复杂的3D扫描成像与AI识别技术，这个65英寸的玻璃屏实际上是一个光场显示屏，玻璃屏周围带有很多传感器和摄像头，高精度传感器与各个角度的高清摄像头可以捕获通话者多个角度的影像，并通过特殊的算法生成三维模型。

最后将数据压缩到大约百分之一，就能通过网络实现无卡顿传输，视频的双方就能从玻璃屏中实时看到一个接近真实的影像。此外，当使用者的身体或头部移动时，系统也会及时调整影像，保证3D成像的高真实度。

类似这样的行业资讯、研究报告、厂商新闻层出不穷，如果想当一名元宇宙架构师，那么就应该不断地学习、学习、再学习，以更好地掌握行业发展方向，更好地规划和设计产品或服务。

第五节　利用游戏化思维设计互动和体验

"游戏化"（Gamification）的概念正在被越来越广泛地应用于商业管理与教育领域。如何更好、更快地推广一个新产品？通过游戏化的营销手段让用户更有参与感。如何让员工更积极主动地投入工作？通过游戏化的绩效设计让员工能更及时地看到反馈与奖励。如何让注意力难以集中的儿童更好地学习？通过游戏化的课件寓教于乐，让兴趣成为最好的老师……正是这些游戏思维带来了颠覆式创新。

科技领域的革命性创新往往具有边缘性，按部就班、循规蹈矩的惯性思维永远无法突破已有的框架，只有游戏思维的火花和灵感才能够带来超越性的创新。历史学家罗伯特·贝拉（Robert Bellah）说："没有人能够完全地生活在日常和现实之中，人总要用各种方式，哪怕是短暂地离开现实。无论是做梦、游戏、旅行、艺术、宗教，还是科学探索，都是为了脱离和超越现实，到达一个彼岸的世界。"利用游戏化的思想设计互动和体验，是构建元宇宙的一种较为普遍且可行性高的方式。

一、游戏化是构建元宇宙的重要思维模式

游戏化，最简单的解释就是借鉴和利用游戏的思想和模式，对其他行业进行创新、改造和升级。游戏化的目的就是利用游戏本身的特点，使人们主观地沉浸于游戏中。游戏化作品借助技术使其更

吸引人，并通过鼓励期望的行为，利用人类心理上的倾向使人们参与游戏。

为什么游戏化对于元宇宙的实现至关重要呢？这并不难理解，一方面，元宇宙非常显著的特性就是"沉浸"和"身临其境"，而游戏是比其他形态更具沉浸感的。另一方面，游戏是很多人喜欢的，这是人性决定的。其实不光是人类，小动物们无聊的时候都会玩游戏。人们借用VR/AR、动作捕捉、体感互动等技术，使游戏可以很好地连接和融合虚拟与现实。我们看到很多超市、商城安装了地面互动投影，很多小孩会在这里踩气球、抓鱼，这其实就是一种互动的、沉浸式的游戏场景。

在商超、酒店等行业，这种游戏化的应用帮助店主在竞争激烈的市场中脱颖而出，提高了曝光率，增加了客户的流量，利用新奇好玩的精彩体验吸引更多的顾客前来消费。

二、游戏化思维：改变未来商业的新力量

在商业竞争日益激烈的今天，传统的激励方式日益失效，未来的管理将更多地建立在员工和消费者的内在动机和自我激励上。而制作精良、设计巧妙的游戏往往建立在多年来对人类动机和人类心理研究的基础上：设计良好的游戏总可以最大限度地激发用户的内在动机，将这些游戏设计思维应用到商业和公共管理中的大量实践，也总能达到意料之外的效果。

游戏可以弥补现实世界的不足和缺陷，游戏化可以让现实变得更美好，并用大量实践告诉我们该如何驾驭游戏，解决现实问题，并提升幸福感。《游戏改变世界》这本书就指出，游戏化是互联网时代的重要趋势。

游戏化将要实现四大目标：更满意的工作、更有把握的成功、

更强的社会联系及更宏大的意义。如果人们继续忽视游戏，就会错失良机，失去未来。相反，如果我们可以借助游戏的力量，就可以让生活变得像游戏一样精彩。

三、如何用游戏化思维设计元宇宙应用

游戏化思维是指用游戏设计方法和游戏元素来重新设计并开展非游戏类事务的思维方式。游戏设计方法包括角色、等级、任务、奖励等。游戏元素则可以根据具体需求来分解，例如，在英语学习中，单词、语法、题目等都可以作为游戏元素。当然，在实际操作中，需要合理甚至巧妙的设计才能实现非游戏事务的游戏化。

（一）四个关键要素

- 收集：海量的、内容不同的、可以成套的元素，散落在各种玩法和游戏节点上。其中一些热门的内容，玩家可以在游戏过程中轻易地获得，还有一些内容需要玩家有一定技巧才能获得，因此玩家只有投入大量时间在游戏中训练技巧，才能将一系列内容收集完整。
- 养成：即在游戏中对自己的角色进行培养，让角色得到升级。看它从弱小变强大是一种乐趣，看它从蛹变成蝶也是一种乐趣。
- 交互：玩家之间的交互、玩家与游戏之间的交互，有来有往才是有趣的。
- 探索：揭晓隐藏在游戏中的元素，这样的过程也是充满乐趣的。

"交互"是本书多次提及的，这里我们主要针对收集、养成、探索进行展开叙述。

（二）收集与证明

收集的灵魂是"证明"——玩家之所以乐意收集，是因为收集可以证明自己在某方面的强势。比如PS4的游戏都有奖杯系统，收集完一个游戏所有的奖杯，可以证明玩家在这个游戏中的投入是值得肯定的。玩家之间的默契就是，如果你在某个游戏中收集了所有的奖杯，那么你玩这个游戏的水平一定是"超高"的，至少不会是"菜鸟"。即使是在《魔兽世界》里，收集成就也是为了向其他人证明"我玩得比很多人都精通"。这是收集的灵魂，也是驱使玩家去收集的内在动力。

有很多缺乏经验的设计师（包括大多游戏设计师）都错误地认为，只要在一个奖章背后设计一个很大的挑战，比如设计一个超级难打败的"Boss"，或者设计一个基本完成不了的任务，这奖章就"有价值"了。通常来说，证明用户的资格、技巧、个性，才是奖章最好的设计思路。

举一个将游戏化的"收藏"用于文旅的例子。2019年5月，一场由北京市石景山区文化和旅游局主办的"石景山文化人打卡集章赢好礼"活动在全区掀起了一股"打卡集章"的热潮。市民凭借纸质及电子版"石景山文旅护照"到全区22处文化设施和旅游景点处盖章打卡，打卡的点位越多，等级越高，所领取的礼品越丰厚。在这个过程中，市民充分了解和体验了高品质的文旅服务，该活动受到了市民的广泛好评。

如果将上面的例子元宇宙化，比如在景区门口使用手机AR技术拍照就能发现一些彩蛋，那就是一种虚拟和现实结合，有趣且能增加客流的元宇宙应用。

支付宝的"全民寻店,每单随机抽取1—5元现金红包"活动,就是一个很成功的收集类游戏。

(三)养成与变化

玩家需要在游戏中培育特定的对象(人或宠物),并使其获得成功,玩家可在其中获得成就感。元宇宙通常指的是通过技术能力在现实世界基础上,搭建一个平行且持久存在的沉浸式虚拟空间,使用户能在其中进行文化、社交、娱乐活动。

在元宇宙时代,虚拟和现实连接,远程养花、远程喂猫、承包偏远山区的蔬菜大棚、领养一头牦牛,甚至养怪兽宠物、交数字朋友、与机器人恋爱等都有可能。元宇宙架构师如果要做类似这些方面的创新产品(服务),那么学习游戏化思维中的"养成"就必不可少了。

1. 养成类游戏的基本概念

养成类游戏,是一种造梦的游戏类型。无论哪个养成类游戏都拥有为玩家圆梦的功能,不管你是想养育一个小孩,还是想谈一场浪漫纯洁的恋爱,或者是想成为演艺界赫赫有名的明星,养成类游戏都能够帮你实现。在游戏中,能够做一些平日里不敢做或没能力做的事,可以任凭自己的想法,让游戏里的角色不受任何限制地踏上自己希望的道路。

养成类游戏中最有名的是《美少女梦工厂》系列。由玩家来养育女儿,可以培养她成长、学习、恋爱,直到结婚或工作。类似的还有模拟经营类游戏等。现在纯模拟养成类游戏很少,大多数游戏都是恋爱养成类游戏,而恋爱养成类游戏里大多都削弱了养成的部分,以恋爱为主。

2. 养成的灵魂在于"变化"

当玩家投入了努力，使得自己（或者目标对象）被"养成"以后，最重要的是能看到变化。比如游戏设计师给出的角色"变化"，最简单直接的就是"变强"，即角色属性变高了，原本打不过的怪物，现在一刀秒杀。

元宇宙的很多应用可能并不是游戏的形态，一些常规互联网形态的游戏化也很值得探讨，比如支付宝的"蚂蚁森林"为阿拉善沙漠种下了一棵棵真正的梭梭树，这本质上也是一种元宇宙形态。元宇宙是一个新的概念，为未来互联网的发展设定了愿景，而且元宇宙在目前的互联网中有很多体现。

蚂蚁庄园是支付宝在2017年8月6日上线的一个网上公益活动，网友可以使用支付宝付款来领取鸡饲料，使用鸡饲料喂鸡之后，就可以获得鸡蛋，通过鸡蛋可以进行爱心捐赠。

（四）探索、揭晓与发现

现在人类依然会在太空探索上投入巨额资金与人力，以期在广阔无垠的太空中获得更多人类发展的可能性。从前，欧洲人扬帆出海来到了东方，就是为了寻找传说中的神秘大陆与资源。每一个时代的发展，其背后都是人类对资源的诉求。

而这一切源于人类对未知的好奇心。从远古起，人类为了生存就不得不对世界进行探索。只有了解世界、知晓世界，才能使族群的存续与发展。

游戏就是一种探索，每款游戏都是对一个未知世界的探索。游戏在经过几十年的发展后，我们能在《上古卷轴5》中广袤的天际省扮演自己喜欢的角色，选择自己的职业与公会，探索野外的地标与深邃的地穴，和不同的NPC交往，加入不同的阵营，体验专属于自己的人生故事。我们也能在《荒野大镖客2》这部由R星公司打造的西部世界模拟器中，体验20世纪美国西部的旷野生活。游戏中有鲜活的城镇，可以偶遇有趣或险恶的突发事件。你可以漫步于温馨的瓦伦丁小镇，穿行于具有南方风情的罗兹小镇，在圣丹尼斯这座近现代工业城市体验风土人情，也可以去雪峰哈根山上捕获梦幻般美丽的白色阿拉伯纯种马。这些只是游戏中的简单探索，还有更多有趣的内容让人沉浸其中。

真正让人有种"世界感"，还是需要人亲自参与，角色扮演的世界更加真实。20世纪60年代的《魔兽世界》正是如此，一大群玩家在艾泽拉斯大陆上上演爱恨情仇，你能体验到这种虚拟世界中的友情与合作，当然也会有诈骗与背叛。随着在游戏中不断地经历与沉淀，从一个1级毛头到60级MC，你会有种在这个世界中真实生活过的感觉。

探索的灵魂在于"揭晓"，而不是简单的"发现"，你会有一种"哇！原来是这样"的感觉。

（五）元宇宙中一切皆可游戏化

当一个原本就很有趣的玩法加上了收集、养成、探索的元素后，就会极大地提升游戏的黏度，游戏时间（即玩家玩腻一个游戏，从入门到放弃的时间）会获得幂次方的提升。而这样的效果，正是我们做产品游戏化的真正目的。如果把游戏本身比作一道菜，因为不同的游戏核心玩法是有不同的乐趣的，正如不同口味的菜有不同的吃法一样，那么收集、养成、探索这些元素就像是调料，通过合适的调配，可以让原本就很好玩的游戏变得更有味道。

比如，我们想把一个对消费者具有导向作用的网站升级到元宇宙，游戏化可以促使人们接受并激励他们使用这些应用，同时使人们沉浸于与此应用相关的行为当中。

如今能够进入元宇宙时代的原因，就在于现在的 MR 以及 XR 技术都已经更加成熟，那么元宇宙到底是什么？说白了，就是要借助虚拟现实技术打造一个虚拟但十分贴近现实的虚拟社会。比如我们每个人现在都活在现实社会里，但是你回到家之后，就可以穿戴一整套的特殊设备，进入另外一个超现实的虚拟现实社会。在这样的虚拟现实社会里，你可以有各种各样的身份，扮演各种各样的角色，完成各种各样的分工，你甚至可以做任何你想做的事情。由此可见，未来的我们都将生活在两个不同的空间，也就是元宇宙带来的既是一种科技的革命，也是一种时间空间的革命。

生活，完全就是由无数个"真实"的"游戏组成"，你将会深入这些游戏场景之中，代入感、沉浸感才是关键，这就是元宇宙这个新的世界给大家带来的一种期待。

第八章

问题、机遇与挑战

第一节　元宇宙中存在的法律与政策风险

一、新生事物对现行法律构成挑战

元宇宙是建立在沉浸式、增强现实、自动化、去中心化、自主化和即时活动等核心原则之上的下一代互联网。各种公司和技术进行链接，通过开源和搭建专有系统，利用视觉、音频和触觉技术将独立的 VR 体验糅合在一起。该种结合将创造出数字世界，推动新型的互动以及内容创作、社交和货币化。

元宇宙是一个令人兴奋的空间，其中蕴含着很多机会。它也是一个打破传统法律思维和旧经济框架的巨大转变，带来了亟待解决的全新法律、监管和技术问题。元宇宙的法律问题与现有互联网的法律问题既有重叠或者相似的地方，也有很多不同，甚至产生了全新的问题。目前，已经有不少律师和法律部门进行了元宇宙相关法律的研究，他们不仅需要为现有法律的改革做准备，也要从技术本身出发去探索解决方案。

元宇宙将带来多种全新的法律含义，尤其是在缺乏现有标准和先例的情况下。法律从业人员唯有努力跟上技术发展的步伐才能与时俱进，除了投身并迅速解决这些问题，他们别无选择。举个例子，在元宇宙场景下的跟踪者与欺凌者，新型的敲诈、绑架、报复性色情、儿童色情，甚至是模拟的恐怖分子营地都可能会出现。

二、元宇宙将带来一系列的法律问题和冲突

元宇宙将带来一系列的法律问题和冲突，这可以从很多方面进行阐述。

（一）知识产权保护

随着元宇宙的定义、发展和规模的扩大，现在的知识产权问题也将面临压力和考验。与知识产权的定义、所有权、保护、盗版和专利有关的问题，仅仅只是其中的几个潜在挑战。元宇宙重要的特性是"创造"，几乎所有人都是这个空间的创作者，大量的创造——包括集团创作、多人协作的创作，会衍生出大量的作品。这种协作关系存在一定的随机性和不稳定性，对这种协作产品需要建立明确的确权规则。再比如说，数字孪生会克隆包括但不限于现实生活中的建筑、道路、物品等元素，这种跨越虚实边界的改编往往会引发著作权纠纷。

在人类地理边界被打破、领土权利具有新意义的世界里，新经济将需要新的思维。数字孪生和人工智能创造的知识产权可能会出现争议，挑战其有效性。内容所有者必须了解他们的许可边界和使用权。目前，由于在视频游戏中使用名人肖像，已经产生了一些诉讼。鉴于部分头像也会创造商业价值，这类纠纷的数量在元宇宙中可能会激增。

知识产权问题是数字空间一直存在的"顽疾"。虽然区块链技术为认证、确权、追责提供了可能，但在元宇宙空间中大量的 UGC 生成和跨虚实边界的 IP 应用加剧了知识产权管理的复杂性和混淆性。

根据《中华人民共和国著作权法》（以下简称著作权法）第三条规定，作品不仅包括文字作品，还包括美术、建筑作品、艺术作品

以及图形作品和模型作品等，因而元宇宙开发者将现实世界中的作品引入虚拟世界以提高用户体验感的行为，具有一定的法律风险。

（二）用户在虚拟世界中的化身

元宇宙的一个关键特征是"身份"，且这种身份是可以自由设定并可以开发用户"第二人生"的，用户可以通过"化身"在元宇宙中肆无忌惮地活动。虚拟形象可以在一个虚拟空间中生产、生活，甚至参与大量的经济活动，这种情况又让问题变得更加复杂。

元宇宙中的"虚拟形象"和用户之间是什么关系？虚拟世界中的法律责任是否需要由现实世界的主体承担？元宇宙中的"人物"属性如何获得现实世界的认同？在元宇宙时代，虚拟和现实将高度融合，虚拟世界中的化身对现实世界造成了恶劣甚至严重的影响时该怎么办？虚拟形象如果侵犯了现实世界中的知识产权该怎么办？应该用哪些相关法律来维护自己的权利？

目前，实践中对于虚拟角色多用著作权法来保护。例如，在美国的司法实践中已经确立了虚构角色可以独立于作品受到版权法保护的制度。德国著作权法将虚构角色拆分为角色名称和角色图像两个部分，角色图像是著作权法保护的对象。日本也确立了卡通形象独立于作品的版权法保护地位。近几年，我国法院在虚构角色法律问题上也有判例，最高人民法院第（2013）民申字第368号裁定书："涉案虚拟人物形象，其表现形式既借鉴了真人的体格形态，又采用了虚拟夸张的手法，对头、脸、眼、鼻、耳等部位创作出不同真人的特点，具有独创性，属于利用线条、色彩、图案等表现方式构成的具有审美意义的具有人物造型艺术的作品，构成受《著作权法》保护的美术作品。"

客观地说，现有法律不足以应对上述问题，需要国家出台新的专门规定来解决，事实上国家网信办已经出台了相关的规定。

（三）安全和隐私

Web 2.0 的出现，本身就把安全和隐私推到了我们所准备的范围之外，用户生成的内容呈爆炸性地增长，创造了新的风险、安全、隐私和合规模式。Web 3.0 将释放出以机器生成为主的内容增量，如数字孪生和数字对象。新的数据格式、敏感程度、所有权、控制和共享都将发生巨大变化，许多现实世界的方法在这个新经济中的应用是不切实际的。

各国政府和科技行业本身将需要评估《通用数据保护条例》（GDPR）等法规的有效性，因为国际边界在元宇宙中持续被打破。开发人员将需要立即得到指导，以创建以隐私为重点和以年龄为中心的元宇宙体验。

现今，在更复杂的元宇宙中，管理安全将是一场噩梦。有许多未解决的问题，比如确保数据安全的要求，深度造假、化身身份盗窃，以及钱包整合和使用数字土地进行非法活动的新攻击载体。元宇宙技术配置和标准的缺乏，是一个亟须解决的重要问题。

（四）虚拟财产的权利归属及流转利用问题

在元宇宙的虚拟世界中，用户身份需要以技术措施实现映射，而用户虚拟财产的归属和利用，则涉及诸多规制性问题。《中华人民共和国民法典》第 127 条规定："法律对数据、网络虚拟财产的保护有规定的，依照其规定。"2020 年修改后的《民事案件案由规定》也明确增加了"网络侵害虚拟财产纠纷"，充分反映出了此种纠纷在实践中的普遍性和典型性。最高人民法院、国家发展和改革委员会发布《关于为新时代加快完善社会主义市场经济体制提供司法服务和保障的意见》，明确指出："加强对数字货币、网络虚拟财产、数据等新型权益的保护，充分发挥司法裁判对产权保护的价值引领作用。"

需要说明的是，虽然当前我国不断强化对虚拟财产的规制，但截至目前，关于虚拟财产的法律属性及交易机制等，在立法层面尚无清晰规则。尤其是伴随着元宇宙这种新型业态的出现，相关虚拟财产的确权与利用将会出现更为复杂的法律问题，有待进一步探索。对元宇宙运营方而言，其在构建虚拟商业场景的过程中，应注重提供一套保障用户虚拟财产的安全体系。

（五）NFT 的资产属性以及 NFT 产权保护问题

国家级学术期刊《网络空间安全》于 2021 年第 1 期刊载的《非同质化代币的应用原理及其在身份识别场景解析》指出，NFT 是一种应用区块链技术验证的数字资产，讲解了同质化代币与非同质化代币的区别，着重阐述了其作为一种新技术如何用于传统业务的升级和创新。

同时，该篇论文也提到了 NFT 可能引发的乱象，呼吁从业人员主动合规，更多地将这种创新用在赋能实体经济上。NFT 引爆了整个国际艺术市场，各类天价艺术作品层出不穷，国内不少领域的知名 IP 亦纷纷 NFT 化。大量中小平台开始在不合规的情况下发行和出售 NFT，业内也存在一些假借数字文创，行炒作、诈骗之实的不规范行为。当然，腾讯幻核、鲸探（原名"蚂蚁链粉丝粒"）等平台在遵守法律法规的前提下发售数字艺术品，为行业树立了标杆。

在 NFT 的法律属性尚未明确的背景下，如果相关平台过于盲目地开展与 NFT 有关的发行、交易活动，不仅可能会被追究民事与行政责任，严重者亦可能涉嫌侵犯著作权罪、侵犯公民个人信息罪、非法经营罪、集资诈骗罪、洗钱罪等刑事犯罪。这要求商业主体应更为慎重地参与NFT的市场布局，通过构建系统的合规体系，规避相应的法律风险。

（六）刑事风险中的培训风险及交易风险问题

乘着元宇宙元年的东风，不少机构尽管对此尚一知半解，但已经敏锐地嗅到了其中隐藏的巨大利益。在逐利思维的驱使下，各种元宇宙培训班已经遍布互联网，其中也可能存在以培训之名行传销之实的现象。根据《禁止传销条例》的相关规定，组织策划传销、参加传销、介绍、诱骗、胁迫他人参加传销等，均为违法行为，将在不同程度上承担相应的法律责任。其中，组织、领导传销活动者，在满足《中华人民共和国刑法》第224条之一的要件时，将被判处五年以下有期徒刑或者拘役，并处罚金；情节严重的，处五年以上有期徒刑，并处罚金。最高人民法院、最高人民检察院、公安部联合印发《关于办理组织领导传销活动刑事案件适用法律若干问题的意见》，对于该罪的具体适用作了更为清晰具体的阐释。无论是培训者，还是受培训者，都需要高度警惕涉嫌传销的元宇宙培训活动。

（七）总结

为了推动元宇宙从抽象的概念走向现实，并在未来的全球竞争中抢占先机，我国应在技术、标准、法律规则三个方面做好前瞻性布局。此前，关于元宇宙的讨论多是从技术、标准展开，如果在未来，元宇宙成为社会主场景，那么它所带来的对经济安全、国家安全、个人信息安全的挑战，都需要学界提前关注，做好随时应对风险的准备，降低可能存在的负面影响。网络并非法外之地，元宇宙同样也应当受到法律和规则的约束。因此，从法律方面来看，随着元宇宙的发展及成熟，也将产生有关于主体人格、虚拟财产、个人信息、数据安全、新型犯罪等一系列问题，提前思考如何防止和解决元宇宙所产生的法律问题将成为未来社会发展必不可少的环节。

第二节　构建安全、文明、绿色、健康的元宇宙网络

网络文明是伴随互联网发展而产生的新的文明形态,是现代社会文明进步的重要标志。加强网络文明建设,成为加快建设网络强国、全面建设社会主义现代化国家的重要任务。党的十八大以来,在习近平总书记关于网络强国的重要思想和关于精神文明建设的重要论述的指引下,我国扎实推进网络文明建设,网络空间正能量更加充沛,法治保障更加有力,生态环境更加清朗,文明风尚更加彰显,全社会共建共享网上美好精神家园的新格局正在形成。

元宇宙虽然是新生概念,但是我们应该相信我国有能力迅速制定国家政策和标准,将元宇宙发展好、监管好,构建安全、文明、绿色、健康的元宇宙网络。

一、重视元宇宙领域的反垄断

中心化的元宇宙将被配置成一个可扩展的公司(如 Meta 或微软的元宇宙),这些公司最终可能会存在某种程度的合作,并极有可能让人觉得大型科技公司控制着整个世界——事实上确实如此。

元宇宙的去中心化特性也可能成为元宇宙巨头掩饰和伪装的手段,使其更难被跟踪、监测、报告或强制执行。如果元宇宙偏离了现有经济的反垄断规则,那么我们就需要新的定义。

二、运营平台的主体资格及运行规制规范

当前各大公司争相推进的元宇宙项目,从本质上说均是为了满足获取商业利益的市场需求,这也决定了其与互联网平台经济规制密不可分。自2019年国务院办公厅发布《关于促进平台经济规范健康发展的指导意见》以来,我国平台经济总体上呈现出稳步发展的态势,但发展不规范、不充分、存在风险和短板等问题仍然存在。为了应对此类问题,在2021年,我国针对平台经济出台了一系列措施。对元宇宙平台公司而言,其需要严格落实相关政策法规,持续强化自身的合规治理体系。

一方面,从平台设立的角度来看,从事电信经营业务的元宇宙平台公司应当遵循《中华人民共和国电信条例》《电信业务经营许可管理办法》的相关要求,依法申请办理电信业务经营许可证。根据《移动互联网应用程序信息服务管理规定》第5条,通过移动互联网应用程序提供信息服务的元宇宙平台,应当依法取得法律法规规定的相关资质。根据《区块链信息服务管理规定》第11条,区块链信息服务提供者应当在提供服务之日起十个工作日内,通过国家互联网信息办公室区块链信息服务备案管理系统填报服务提供者的名称、服务类别、服务形式、应用领域、服务器地址等信息,履行备案手续。

另一方面,从平台运行的角度来看,元宇宙平台可能运营多项互联网业务,其不仅需要严格遵循现行法的相应规范,也需要及时跟进最新的立法修法趋势,并据此及时调整自身的合规策略。仅2021年,便有大量可能涉及元宇宙平台的立法征求意见稿见诸报端,需要引起平台方的高度重视。例如,自2021年8月起,国家市场监督管理总局先后发布了《禁止网络不正当竞争行为规定(公开征求意见稿)》《市场主体登记管理条例实施细则(征求意见稿)》

《互联网平台分类分级指南（征求意见稿）》《互联网平台落实主体责任指南（征求意见稿）》《互联网广告管理办法（公开征求意见稿）》等。除了及时跟进相关草案的规制内容，元宇宙平台公司还可以结合自身及行业发展需求，积极向立法机关提出建议，以此方式实质性地参与立法。

第三节　如何抓住元宇宙蕴含的创业机会

一、最大的战场属于科技巨头

元宇宙——一个改变世界的全新概念，已经成为科技巨头的必争之地。

2012年6月，腾讯公司以3.3亿美元收购了英佩游戏公司48.4%的已发行股份。英佩游戏旗下的拳头产品就是《堡垒之夜》。《堡垒之夜》是一款大型逃生类游戏，在不断迭代升级之后，逐渐成为一个超越游戏的虚拟世界，显现出元宇宙的部分特质。Meta在2016年以23亿美元的高价收购了VR眼镜设备公司Oculus，并在VR业务上持续大量投入，从每年59亿美元的投资持续加码，近年已经达到185亿美元的水平。2019年5月，腾讯宣布与元宇宙代表企业罗布乐思合作成立中国公司，代理罗布乐思中国版。2020年2月，罗布乐思完成1.5亿美元的G轮融资，腾讯也参与其中，到了2021年，罗布乐思在纳斯达克上市，成为元宇宙第一股。

VR创业公司小鸟看看（Pico）发出全员信，正式公开了小鸟看看被字节跳动以15亿美元收购，未来将并入字节跳动的VR相关业务，整合内容资源和技术能力，并在产品研发和开发者生态上加大投入。脸书于2021年10月正式更名为Meta，腾讯、阿里巴巴、网易、百度、字节跳动、中国移动、中国电信、中国联通都布局了元宇宙。腾讯已申请注册"王者元宇宙""天美元宇宙"商标，同时还在申请"QQ 元宇宙"商标，在 2021 年 10 个月内至少投资了 67 家游戏公司，腾讯似乎正以"游戏+社交"的方式构建元宇宙。

元宇宙最大的战场属于科技巨头，类似这方面的新闻报道数不胜数，在此不再一一列举。

二、普通人如何抓住元宇宙机会

（一）在游戏中挣钱——游戏从业者

一些保守的人认为，游戏是互联网时代的"数字毒品"，会让年轻人沉迷其中无法自拔。在科技进步的推动者看来，游戏并非玩物丧志，而是改变世界的手段。游戏让我们用想象力创造了一个平行宇宙，打开了一个充满无限可能的空间。在元宇宙的世界里，游戏可能会成为常态，甚至生活工作的形式也将类似游戏。

玩游戏赚钱，这一直是电子游戏爱好者的梦想。然而，游戏发行商、平台拥有者几乎包揽了所有的游戏经济项目，造成了游戏收益分配的严重不平衡，而且玩家（用户）支付了大量的费用却没有得到任何收益。

Web 3.0 的游戏可能是这种情况的替代方案。如今我们已经可以看到一些新形式的游戏为用户带来了额外的和创造性的收入，同时围绕游戏创建了全新的经济和社区。

1. 通过电子竞技变现

如今大部分玩家的收入都来自电竞比赛。电子竞技活动已经存在了 20 多年，并且发展越来越快。电子竞技的观众正以惊人的速度增长，热门游戏已席卷整个行业。《英雄联盟》《反恐精英》《堡垒之夜》《使命召唤》等都是当今电子竞技比赛中家喻户晓的游戏。

电子竞技已将电子游戏转变为一种职业活动，在这种活动中，一些游戏玩家可以获得如同明星般的地位和收入，类似于成功的足球或篮球球员。这些游戏玩家中的许多人现在每年都有数百万美元的收入，而阿迪达斯、红牛、李维斯、梅赛德斯－奔驰等全球知名品牌正在为游戏战队和电子竞技比赛投入数亿美元的赞助资金。

然而，对一个完全电子化和数字化的行业来说，收入模式仍然非常传统。电子竞技的玩家仍然以传统方式赚取大部分收入：赢得现金奖励、赚取团队薪水、获得赞助以及出售商品和媒体权利。

很明显，如今电子竞技在从游戏中获得收入方面处于领先地位，在未来的元宇宙中，类似的竞技、对抗、职业赛等可能会大行其道。

2. 链游的兴起

加密社区成员和区块链用户都明白，NFT 不仅仅是收集可爱的企鹅和像素化的朋克，在区块链中发行游戏内资产的 NFT 项目正在创造真正的"Play-to-Earn"（边玩边赚）机制，以此吸引用户并取得了巨大成功。

Axie Infinity 就是一个例子。这是一个奇幻世界，玩家可以在其中战斗、饲养和收集 Axies（一种类似怪物的生物，为游戏命名）。Axies 本身是可以在游戏外购买和交易的 NFT，在游戏中与怪物战斗将获得被称为 SLP 的代币，可以在市场上进行交易。有了这些收益，你可以选择在 Axie Infinity 中购买额外的物品，或者将该价值迁移到不同的加密游戏中，甚至将它们带入实体经济。

有趣的是，"Play-to-Earn"目前已经成为一种在全球范围内创造就业的方式。我们已经看到菲律宾、巴西或委内瑞拉等国家的玩家通过玩游戏获得收入。据说其每日活跃用户达到 45 万人，也就是说，该游戏平台拥有 45 万名"打工人"。

与传统的游戏模式相比，这是一个非常有趣的创新。即使玩家每天玩一两个小时，也会因对游戏里社区有所贡献而获得应得的报酬。

3."Play-to-Earn"的核心与机会

今天，创新的游戏公司有很多机会尝试新的商业模式，并在该领域获得吸引力。

"Play-to-Earn"的核心理念是让价值和所有权站在玩家一边。在非区块链游戏中，玩家可以花费数年时间构建游戏内的资产，但是当玩家最终放弃这个游戏时，玩家将一无所有（因为这些资产从未属于玩家）。基于区块链的游戏使它们更加开放，并允许玩家自己拥有实际所有权。

4.法律与风险提示

上文介绍"Play-to-Earn"与链游模式，仅仅反映的是元宇宙在世界范围内的发展现象和趋势，这是从知识与学术的角度来说的，读者切勿盲目投资或模仿，同时，请务必遵守我国最新的法律、法规和政策。

（二）学习新技能

本书已经从基础、进阶到案例的各个层面，介绍了大量构建元宇宙的方法和工具，本书提到的软件和工具加起来有几十个，熟练掌握元宇宙的基础软件和工具有助于在未来的元宇宙时代谋得工作并且养活自己。

此处，再介绍一个新兴的平台Omniverse，这个平台有可能成为元宇宙时代的利器。在拉斯维加斯举行的消费电子展上，英伟达向个人创作者和艺术家免费提供了实时 3D 设计协作和虚拟世界模拟平台 Omniverse。英伟达表示，Omniverse 已被超过 100 000 名创作者下载。Omniverse 结合了图形、AI、模拟工具和可扩展计算，帮助设计师和创作者从他们的笔记本电脑或工作站制作 3D 资产和场景。Omniverse 能够将通常使用不兼容工具制作的独立 3D 设计连接到共享的虚拟场景中。英伟达宣布为 Omniverse 扩展新功能，例如，一键协作工具 Nucleus Cloud，以及英伟达合作伙伴构建的新连接器、扩展和资产库。新的生态系统合作伙伴包括 3D 市场和数字资产库 TurboSquid by Shutterstock、CGTrader、Sketchfab 和 Twinbru。

（三）内容与设计领域

元宇宙是由内容创作者驱动的，元宇宙是否繁荣，第一个重要指标就是创作者的数量和活跃度。创作者是内容的生产者，同时能得到匹配的收入，全新的利益分配方式将培育更多的全新的创作者。2021 年在《罗布乐思》游戏中，有创作者通过自己的作品获得了超过 5 亿美元的收入。用户创作、打造个人 IP 在元宇宙中将会更重要、更广泛。

在 Web2.0 时代，自媒体崛起，在未来的元宇宙时代，主流的创作可能会以"元媒体"的形式存在（见表 8.1）。

表 8.1　元宇宙时代的元媒体

发展阶段	名称
互联网时代	自媒体
元宇宙时代	元媒体

1. 形式更多样、内容更丰富

自媒体创作形式主要有文字、图片、音频、视频，以供用户浏览。元宇宙包含了现在的自媒体创作形式，但更加丰富多样，也更加立体逼真。

元宇宙时代的创作可以说是无所不能，无限精彩。比如每个人都可以创作自己的游戏，让好友来玩；创造自己的游戏化身，像电影《阿凡达》中那样，化身可以上天入地，斩妖降魔；可以为数字人添加丰富的表情、动作等，数字人可以直播，可以教学，可以参加元宇宙中的各种活动；可以构建3D的山峰、河流、湖泊和沙漠，就像现在写字一样简单；也可以设定精确的参数模拟未来可能发生的事情，比如气候的变化、工厂的生产流水线、即将被爆破的大楼等。

元宇宙沉浸感、虚实融合等特征决定了其表现和创作形式的多样性和内容的丰富性。

2. 创作更简单方便

元宇宙是虚拟世界与现实世界的融合，两者不分彼此，因此元宇宙的用户不只是玩游戏的人，也不只是现阶段上网的这些人，元宇宙是人人都可直接参与的，是生活中不可或缺的一部分，用户基数和容量比现阶段互联网网民数量更庞大。在元宇宙中创作比现在自媒体的创作更简单方便，甚至人人都可以参与，创作工具配合人工智能，在创作时可能只需要像搭积木一样，在全息投影下，用手指拖动各部分，并将它们拼装在一起就可以实现用户想要的结果，甚至用户只需要在头脑里进行一个构思，通过脑机接口就可以转化成元宇宙中的作品。

要达到上述的目标，需要创作工具的进一步提升，但目前用户已经可以参与其中，比如一些游戏以及VR、AR无编程创作平台等。元宇宙中内容创作的多样性、丰富性、简单方便性，在未来会使更多的创作者参与其中，甚至是人人参与，一同来创造属于人类的元宇宙空间。

早在 2016 年的 VR 元年，三维虚拟世界在设计领域就开始大放异彩了，比如房地产领域的装饰设计。设计师可以用虚拟现实技术让客户直观地看到自己家里装修后的样子。这个技术其实并不难，只要三维设计师把 3DS Max 里的场景导入 UE 引擎或者 U3d 里，通过 VR 眼镜就可以轻松地看到自己想要的效果了。

（四）其他机会

当然，元宇宙给普通人带来的机会还有很多。文学图书《元宇宙 2086》里的女主人公就是个 VR 雕塑家，她的职业就是在虚拟世界中进行雕塑创作。每个人都可以通过售卖专业技能来谋生。虚拟世界具备极强的体验性，其中数以亿计的场景或事物要么由玩家创造，要么由系统生成。举个例子，比如在普通的游戏中，房子是系统自建的，怪兽和 NPC 是虚拟的、无生命意识的。而在元宇宙世界中，这些环境要素、角色扮演将全部由玩家提供。

在现实生活中，你的技能将会在元宇宙中获得收益。如果你在现实生活中是一个设计师，那么在虚拟世界中，你可以构造最奇特的艺术品，并对艺术品进行收费展览。如果你是一个建造师，那么在虚拟世界中，你可以打造最魔幻的城堡。如果你是一个歌唱家，那么在虚拟世界中，你可以开办十万人甚至百万人的演唱会。

另外，本书还将讨论元宇宙可能带来的新兴职业，所述的职业其实也都是在未来可能实现的。

三、立足实际、小成本的创业机会

（一）硬件代理、销售、维修及相关服务

元宇宙实现的前提是大量硬件的普及，比如 VR 眼镜、游戏设备、可穿戴设备等。我们可以提供现实生活中的服务，因为虚拟世界的发展严重依赖现实生活所提供的物质基础，所以与元宇宙有关的硬件消费也将是一个非常巨大的市场。

提前学习、调查、准备这些硬件的相关知识，可以帮助人们快速融入行业，甚至成为领导者。元宇宙硬件的生产、制造和销售是必须实现的，硬件设计师、硬件工程师等可以创业并且服务产业链，上下游可能会涉及硬件的维护、清洗公司以及各种围绕硬件展开的周边服务等。

（二）各类体验店及元宇宙乐园

虚拟现实体验店早已经走进各大商圈。未来，VR 体验项目将呈爆发式增长，产生许多大型虚拟体验城。

从小到大来说，体验柜、体验店、VR 超市、虚拟现实乐园、大型元宇宙乐园等，这些可能很快就会蓬勃发展起来。

早就有开发公司布局 VR 游戏装备集合店，产品也比较完善。未来还会有各式各样的装备和游戏大量涌入市场，集合乐园也会随之而来。现在商场里就有体验各种 VR 三维视觉场景的娱乐场所，消费者花费十几元或者几十元就可以体验到三维视觉效果。

（三）与现有业务结合并且创新

狼人杀、密室逃脱、KTV等依赖现实场所的游戏，因为虚拟世界的产生，将不再依赖现实的场地，这些游戏和娱乐将会呈井喷式发展。那么，如何为玩家提供更好的游戏、娱乐体验，不断地推出新的游戏创意、娱乐创意将是决定成败的关键。

（四）电子商务领域的应用

淘宝平台几年前就率先推出了VR购物，只不过限于种种原因还没有普及开来。用在电商购物平台的三维立体试穿技术和三维技术势必影响整个领域，比如你想买双鞋，在购物平台上输入你的尺码就能看到自己穿上之后的样子。

商家可以通过VR全景技术把自己的店铺以720度无视觉死角地立体呈现给顾客。还可以通过线上平台VR直播、全景直播，进行场景营销；店内全景投放在本地生活、点评类的平台进行推广；入驻商场搭建实景展示平台，置入购物标签，为顾客打造沉浸式逛店购物体验。

服务业通过VR技术将会大大地提升消费频次，为消费者提供具有"感官性质体验的服务"。

四、元宇宙概念股投资机会

资本是逐利的，有热度便会有需求，有需求便会有市场，这可能会带来投资机会。"元宇宙"概念可能是一些上市公司的炒作噱头，也有可能使某些上市公司成为未来的元宇宙巨头，这是很难预测和判断的。

从全球范围看，2020年数字经济规模达到32.61万亿美元，占GDP的比重为43.7%，可见数字经济的重要性。据国际数据中心（IDC）预测，到2023年，数字经济产值将占到全球GDP的62%。

五、新兴职业的诞生

元宇宙可能带来哪些新的工作机会呢？可能会有很多种，比如元宇宙架构师、元宇宙编程工程师、元宇宙艺术家、元宇宙安全运维工程师、元宇宙硬件工程师、元宇宙数据分析师等。

元宇宙架构师与所有产品架构师一样，是最重要的角色。元宇宙架构师负责设计元宇宙或元宇宙某个区域、某种功能的整体架构。元宇宙时代至关重要的一个群体就是元宇宙架构师。

从软件体系方面来说，元宇宙区别于现有软件的最重要一点是将会嵌入区块链技术。因此，区块链编程工程师、智能合约编程工程师将比现有的需求高很多倍，成为软件编程行业的主要工种之一。除了区块链，与3D建模、实时渲染、立体呈现、角色互动等技术相关的程序员也会非常抢手。

其实，这些只是其中的几个例子，很多现有的职业都可能会升级，就像互联网出现以后，原来的很多职业都升级为与互联网相关的职业一样。

附 录

中国移动通信联合会元宇宙产业委员会全体委员名单*

共 同 主 席：沈昌祥　郑纬民　倪健中
学 术 指 导：戴汝为　郭毅可　任福继
产 业 指 导：邓中翰　陈清泉　谭建荣
联 席 主 任 委 员：张　森　李安民　乔卫兵
执 行 主 任 委 员：于佳宁　杜正平　鲁俊群　赵国栋
创始发起人兼秘书长：何　超

常务副主任委员：

法国智奥会展集团中国区总部（周建良）
上海风语筑文化科技股份有限公司（李晖）
宽度网络科技（山东）有限公司（张德华）
浙江金科汤姆猫文化产业股份有限公司（朱志刚）

---

* 注：截至 2022 年 10 月 9 日，中国移动通信联合会元宇宙产业委员会总计接纳委员 174 家 / 人。

元宇宙工程

浙文互联集团股份有限公司（唐颖）

甘华鸣	中国通信工业协会区块链专委会终身副主任委员
沈　阳	清华大学新媒体研究中心执行主任、教授、博士生导师
潘志庚	中国虚拟现实技术创新平台副理事长、南京信息工程大学人工智能学院院长、杭州师范大学 VR 与智能院院长、教授
陈　钟	北京大学软件与微电子学院创始院长、北京大学网络与信息安全实验室主任、北京大学工程学位评审委员会副主任、教授、博士生导师

副主任委员：

海南火大教育科技有限公司
吉林省国参链盟生物工程有限公司（罗欣）
深圳中青宝互动网络股份有限公司（李瑞杰）
北京蓝耘科技股份有限公司（李健）
北京元隆雅图文化传播股份有限公司（孙震）
杭州平治信息技术股份有限公司（郭庆）
德艺文化创意集团股份有限公司（吴体芳）

王鸿冀	中国移动通信联合会应用平台工委理事长
蔡恒进	武汉大学教授
姚海军	《科幻世界》杂志社副总编辑
赵忠抗	工信部机关原巡视员
薛增建	杭州市信息安全协会会长

附录

陈晓华	中国移动通信联合会教育与考试中心主任
韩举科	中国通信工业协会秘书长
周金泉	澳门理工学院教授
苏 彤	中国通信工业协会数字经济分会副会长
王丹力	中国科学院自动化研究所研究员，博士生导师
李汉南	广西网络信息安全服务研究院执行院长、高级工程师
马方业	经济日报集团高级编辑
娄 岩	中国医科大学计算机中心主任、教授，中国医药教育协会副会长、高等学校智能医学教产学研联盟理事长
张洪生	中国传媒大学文化产业管理学院执行院长、研究员（一届一次主任委员会议增补）
闫昶德	青岛市区块链产业商会会长、青岛链湾研究院执行院长（一届一次主任委员会议增补）
赵永新	河北金融学院区块链应用研究中心常务主任、教授（一届一次主任委员会议增补）
丁 方	中国人民大学文艺复兴研究院院长（一届三次主任委员会议增补）

常务委员：

江苏众亿国链大数据科技有限公司（毛智邦）
天下秀数字科技（集团）股份有限公司（李檬）
万兴科技集团股份有限公司（吴太兵）
深圳市盛讯达科技股份有限公司（陈丹纯）
北京睿呈时代信息科技有限公司（王远功）
中文在线数字出版集团股份有限公司（童之磊）

元宇宙工程

深圳市虚拟现实产业联合会（谭贻国）
北京飞天云动科技有限公司（汪磊）
北京丹曾文化有限公司（黄斯沉）
广东星辉天拓互动娱乐有限公司（陈创煌）
唯艺（杭州）数字技术有限责任公司（佟世天）
北京全时天地在线网络信息股份有限公司（信意安）
江西欧恩壹科技有限公司（曾其丹）
凯撒（中国）文化股份有限公司（郑合明）（一届二次主任委员会议增补）
北京云途数字营销顾问有限公司（谭明）（一届二次主任委员会议增补）
上海瓣鼎网络科技有限公司（史明）（一届二次主任委员会议增补）
江西燎燃科技有限公司（施亮）（一届三次主任委员会议增补）
河南七进制网络科技有限公司（马培军）（一届四次主任委员会议增补）
武汉泽塔云科技股份有限公司（查乾）（一届五次主任委员会议增补）
联通沃音乐文化有限公司（李韩）（一届五次主任委员会议升级）

叶毓睿	区块链存储概念首倡者，《元宇宙十大技术》作者，《软件定义存储》作者，高效能服务器和存储技术国家重点实验室首席研究员
徐德平	中国移动通信集团设计院无线所副所长
范金鹏	飞腾信息技术有限公司资深行业顾问
李正海	元宇宙研究院院长、高级工程师
顾黎斌	中国移动通信集团浙江公司区块链专家组副组长、边缘计算专家组成员、中级工程师
程时伟	浙江工业大学计算机学院软件研究所副所长、教授
郑宇军	杭州师范大学教授
魏泽崧	北京交通大学教授、博士生导师

孟　虹	中央美术学院网络信息中心主任（一届二次主任委员会议增补）
黄朝波	矩向科技首席执行官，《软硬件融合》作者（一届二次主任委员会议增补）
梁　栋	原语科技首席运营官（一届二次主任委员会议增补）
高承实	上海散列信息创始合伙人（一届二次主任委员会议增补）
张　烽	万商天勤律师事务所合伙人（一届二次主任委员会议增补）
王　峰	中国电信研究院人工智能研发中心主任（一届二次主任委员会议增补）
王　涛	中国联通高级工程师、国家一级建造师、国家高级等保测评师（一届二次主任委员会议增补）
杜　彪	高级工程师、中国人工智能学会高级会员（一届二次主任委员会议增补）
甄　琦	天神娱乐前首席技术官（一届二次主任委员会议增补）
周　兵	太一集团副总裁（一届二次主任委员会议增补）
赵　萱	中国互联网新闻中心技术创新部主任（一届二次主任委员会议增补）
郑大平	北京元艺宙技术研究院院长（一届三次主任委员会议增补）
夏乾臣	清华大学博士后、副研究员（一届四次主任委员会议增补）
王桂静	北京远古遗珍博物馆副馆长（一届四次主任委员会议增补）
刘艳春	元宇宙产业委常务委员（一届四次主任委员会议增补）
孟祥曦	国家工业信息安全发展研究中心工程师（一届四次主任委员会议增补）
曹世勇	北京盈科（武汉）律师事务所律师（一届五次主任委员会议增补）
范明志	中国政法大学数据法治研究院教授、中国审判理论研究会

元宇宙工程

审判管理专业委员会副主任（一届五次主任委员会议增补）

孙　杰　　鸿雪科技公司首席技术官、高级工程师（一届五次主任委员会议增补）

正式委员：

浙商银行股份有限公司（沈仁康）

广州趣丸网络科技有限公司（宋克）

北京蓝色光标数据科技股份有限公司（赵文权）

东莞市三奕电子科技有限公司（汪谦益）

深圳市人工智能产业协会（范丛明）

华扬联众数字技术股份有限公司（苏同）

西交川数院（四川）数字产业发展有限公司（周攀）

数源科技股份有限公司（章国经）

杭州万同数据集团有限公司（王俊桦）

深圳市智慧城市研究会（张晓新）

宁夏区块链协会（施晓军）

湖北省会展经济发展促进会（罗毅）

深圳市互联网创业创新服务促进会（胥苗龙）

湖北省大型企业精神文明建设研究会（严明清）

广州山水比德设计股份有限公司（孙虎）

武汉市区块链协会（胡自锋）

上海龙韵文创科技集团股份有限公司（余亦坤）

杭州文化产权交易所有限公司

海南师范大学校友会（刘杼）

北京恒华职业技能培训学校有限公司（范孜轶）

附　录

拓尔思信息技术股份有限公司（李渝勤）
上海敦鸿资产管理有限公司（袁国良）
引力传媒股份有限公司（罗衍记）
南京金浣熊文化传媒有限公司（董恒江）
世优（北京）科技有限公司（纪智辉）（一届一次主任委员会议增补）
建投数据科技（山东）有限公司（陈长玲）（一届一次主任委员会议增补）
北京首都在线科技股份有限公司（曲宁）（一届一次主任委员会议增补）
诚伯信息有限公司（一届一次主任委员会议增补）
深圳市和讯华谷信息技术有限公司（陈光炎）（一届一次主任委员会议增补）
杭州元艺数科技有限公司（田井泉）（一届一次主任委员会议增补）
深圳市宝德投资控股有限公司（李瑞杰）（一届一次主任委员会议增补）
广州胜维科技有限公司（程庆华）（一届一次主任委员会议增补）
元启星辰（北京）科技有限公司（韩飞云）（一届一次主任委员会议增补）
比特视界（北京）科技有限公司（叶青）（一届一次主任委员会议增补）
移动微世界（北京）网络科技有限公司（王兴灿）（一届一次主任委员会议增补）
功夫动漫股份有限公司（李竹兵）（一届二次主任委员会议增补）
杭州原与宙科技有限公司（石琦）（一届二次主任委员会议增补）
杭州遥望网络科技有限公司（谢如栋）（一届二次主任委员会议增补）
杭州卡赛科技有限公司（金双双）（一届三次主任委员会议增补）
光子玩品（杭州）数字技术有限责任公司（陈梓荣）（一届三次主任委员会议增补）
秦皇岛肆拾贰宇数字科技有限公司（郑天华）（一届三次主任委员会议增补）
深圳市添域科技有限公司（黄坤煌）（一届三次主任委员会议增补）

元宇宙工程

海道数字文化产业（杭州）有限公司（王长恒）（一届三次主任委员会议增补）
北京亿升向前商贸有限公司（高存）（一届三次主任委员会议增补）
航天宏图信息技术股份有限公司（王宇翔）（一届四次主任委员会议增补）
北京红棉小冰科技有限公司（李笛）（一届四次主任委员会议增补）
杭州沃驰科技有限公司（周路）（一届四次主任委员会议增补）
央链直播（深圳）有限公司（一届五次主任委员会议增补）
湖南星元国际会展有限公司（刘雷）

樊晓娟　　北京市中伦（上海）律师事务所权益合伙人
吴晓鸥　　美国图形图像学会上海分会副主席
曹明伟　　安徽大学副教授
杨　正　　北京星际远航文化传播中心主任
李　政　　清华环境研究院碳中和技术与绿色金融协同创新实验室
马兆林　　西安交通大学特聘教授（一届三次主任委员会议增补）
李柳君　　温州商学院网络与新媒体系专任教师（一届五次主任委员会议增补）
孟永辉　　存辉文化传媒（杭州）有限公司创始人（一届五次主任委员会议增补）

观察员：

华研科技文化（深圳）有限公司（刘韵）
北京铜牛信息科技股份有限公司（吴立）
恺英网络股份有限公司（陈永聪）（一届一次主任委员会议增补）

附 录

湖北盛天网络技术股份有限公司（赖春临）（一届一次主任委员会议增补）
深圳奥雅设计股份有限公司（李宝章）（一届一次主任委员会议增补）
南京宁奥诚信息科技有限公司（董波）（一届一次主任委员会议增补）
广东虚拟现实科技有限公司（贺杰）（一届一次主任委员会议增补）
上海维迈文博数字科技有限公司（凌毅）（一届三次主任委员会议增补）
燊海（杭州）艺术科技有限责任公司（王军峰）（一届三次主任委员会议增补）
南京麦特威斯科技有限公司（陈勇）（一届三次主任委员会议增补）
陕西博骏文化控股有限公司（一届三次主任委员会议增补）
威视芯半导体（合肥）有限公司（李亚军）（一届四次主任委员会议增补）
嗨淘吧新零售数字科技（宁夏）有限公司（曹园园）（一届四次主任委员会议增补）
上海无聊飞船数字科技有限公司（周一妹）